氮掺杂碳点缓蚀剂的
制备与性能优化

王斯琰　著

中国原子能出版社

图书在版编目（CIP）数据

氮掺杂碳点缓蚀剂的制备与性能优化 / 王斯琰著.
北京：中国原子能出版社，2024. 8. -- ISBN 978-7
-5221-3571-7

Ⅰ. TQ047.6

中国国家版本馆 CIP 数据核字第 20242274XP 号

内 容 简 介

本书系统探讨了氮掺杂碳点（NCDs）作为新型环保缓蚀剂的制备、表征及其缓蚀行为。全书涵盖了缓蚀剂的定义、分类及作用机理，介绍了碳点的结构、性质及其在缓蚀领域的应用，详细描述了碳点形貌、结构、成分及表面电荷量等方面的表征技术，以及缓蚀行为的测试方法。书中通过实验数据和理论分析，揭示了氮掺杂对碳点缓蚀性能的显著提升作用，并重点研究了类吡咯氮在其中的调控机制，展示了柠檬酸基氮掺杂碳点在酸性腐蚀环境中的应用潜力。本书内容翔实，数据丰富，不仅为氮掺杂碳点缓蚀剂的制备与优化提供了系统的理论指导和实验数据，也为相关领域的研究人员和工程技术人员提供了有价值的参考资料。希望本书能够激发更多研究者投身于绿色环保型缓蚀剂的研发，为实现可持续发展贡献力量。

氮掺杂碳点缓蚀剂的制备与性能优化

出版发行 中国原子能出版社（北京市海淀区阜成路 43 号　100048）

责任编辑 王　蕾

责任印制 赵　明

印　　刷 河北宝昌佳彩印刷有限公司

经　　销 全国新华书店

开　　本 787 mm×1092 mm　1/16

印　　张 8

字　　数 119 千字

版　　次 2024 年 8 月第 1 版　2024 年 8 月第 1 次印刷

书　　号 ISBN 978-7-5221-3571-7　　　　**定　价** 86.00 元

前　言

　　腐蚀是影响金属材料使用寿命和性能的重要因素，广泛存在于各个工业领域。传统的缓蚀剂虽然在一定程度上能够抑制金属的腐蚀，但其存在环境污染、毒性和效果不持久等问题，急需开发新型、环保、高效的缓蚀剂。近年来，随着纳米材料科学的快速发展，碳点（Carbon Dots，CDs）因其独特的物理化学性质和良好的生物相容性，成为备受关注的新型材料。在此背景下，氮掺杂碳点（Nitrogen Doped Carbon Dots，NCDs）作为一种新兴的环保型缓蚀剂，以其优异的缓蚀性能和良好的环境友好性，展现出广阔的应用前景。

　　本书系统介绍了氮掺杂碳点缓蚀剂的制备、表征及其在不同腐蚀环境中的缓蚀行为。全书共分为 5 章，内容涵盖碳点缓蚀剂的基本概念、作用机理、制备方法及表征技术，详细探讨了柠檬酸基氮掺杂碳点的缓蚀性能及其影响因素，重点研究了吡咯氮对柠檬酸基氮掺杂碳点缓蚀剂性能的调控机制。

　　本书第 1 章简要介绍了缓蚀剂的定义、分类及其作用机理，并阐述了碳点的基本结构、性质及应用，旨在为读者提供全面的基础知识；第 2 章主要介绍了碳点缓蚀剂的表征与测试研究方法，包括形貌、结构、成分及表面电荷量等方面的表征技术，以及缓蚀行为的测试方法；第 3 章详细描述了柠檬酸基氮掺杂碳点的制备过程及其在不同腐蚀环境中的缓蚀行为；第 4 章则通过比较柠檬酸基碳点和氮掺杂碳点的缓蚀性能，揭示了氮掺杂对碳点缓蚀性能的影响；第 5 章重点研究了类吡咯氮对柠檬酸基氮掺杂碳点缓蚀剂性能的影响机制，探讨了其在抑制碳钢腐蚀中的作用机理。

本书不仅为氮掺杂碳点缓蚀剂的制备与优化提供了系统的理论指导和实验数据，也为相关领域的研究人员和工程技术人员提供了有价值的参考资料。希望通过本书，能够激发更多的研究者投身于绿色环保型缓蚀剂的研发，为实现可持续发展贡献力量。

在本书的编写过程中，作者得到了许多同事、朋友、学生和家人的帮助和支持，在此，我谨向他们表示诚挚的感谢。感谢徐宏妍教授、王志强副教授及常青教授的指导帮助。感谢学生王晶在实验操作、数据整理和图表绘制等方面付出的大量时间和精力。同时，我还要感谢我的家人在我写作过程中给予了我无尽的理解和鼓励。最后，特别感谢山西省科学技术厅自然科学研究面上项目（202103021224219）的资助。

由于作者水平有限，书中难免会有一些疏漏和错误，敬请广大读者批评指正。

目　录

第 1 章　碳点缓蚀剂简介

1.1　缓蚀剂的定义及分类[1-6]

1.1.1　缓蚀剂的定义

缓蚀剂是一种以适当的浓度和形式存在于环境（介质）中时，可以防止或减缓腐蚀的化学物质或几种化学物质的混合物。它们在各种工业系统中都非常关键，尤其是在那些与金属腐蚀密切相关的领域，比如石油开采、化工生产、水处理，以及管道和容器的保护等行业。缓蚀剂通过在金属表面形成保护膜，或者通过改变腐蚀电化学过程的动力学，来减缓或阻止金属离子的溶解。通常，缓蚀剂适用于管道、混凝土、容器等相对封闭的环境，只要少量添加就可以明显抑制材料的腐蚀，是一种经济、简便的腐蚀防护方法。

1.1.2　缓蚀剂的分类

缓蚀剂的分类是一个复杂的问题，因为腐蚀过程受到多种因素的影响，包括腐蚀介质的化学成分、温度、压力、流速，以及金属材料的种类和表面状态等。不同类型的腐蚀涉及不同的机制和反应路径，因此需要针对性地选择缓蚀剂以提供有效的保护。此外，缓蚀剂本身的化学成分和作用机制也千差万别，因此缓蚀剂的分类通常会从化学成分、作用机制、表面状态和物理状态等多个角度进行分类。这种多角度分类反映了对缓蚀剂缓蚀机理的全面理解和对腐蚀防护需求的应对，它不仅有助于科学研究和技术开发，也对为工业应用提供可靠的腐蚀保护解决方案具有重要意义。

（1）按化学组成分类

按化学组成分类，缓蚀剂可以分成无机缓蚀剂和有机缓蚀剂。

无机缓蚀剂主要包括铬酸盐、磷酸盐、亚硝酸盐、硅酸盐、钼酸盐、硼酸盐等。然而，由于铬酸盐、亚硝酸盐和磷酸盐的环境和健康风险，其使用在许多国家和地区受到了限制。

有机缓蚀剂是一类结构多样的化合物，它们通常含有氮、氧、磷或硫等杂原子，能够通过吸附在金属表面上，形成一层保护膜，从而起到隔断腐蚀介质的作用。具体类别包括：含氮的有机化合物（如胺、醇胺、咪唑啉及其衍生物等）、含硫的有机化合物（如硫脲、硫醇和环状含硫化合物等）、含磷的有机化合物（磷酸酯类、膦酸盐类和氨基膦酸盐类等）和含氧的有机化合物（如酯类、醛类和酮类缓蚀剂）。

（2）按作用机理分类

根据缓蚀剂在电化学腐蚀过程中对阳极反应、阴极反应或者对两者同时的抑制作用，可以将缓蚀剂分为阳极型缓蚀剂、阴极型缓蚀剂和混合型缓蚀剂。

阳极型缓蚀剂，又称阳极抑制型缓蚀剂，主要通过增加阳极反应极化程度来起到缓蚀的作用。加入该类缓蚀剂后，金属的极化曲线表现为腐蚀电位正移（$\varphi_{corr} \rightarrow \varphi'_{corr}$），腐蚀电流密度下降（$i_{corr} \rightarrow i'_{corr}$），如图 1-1（a）所示。这类缓蚀剂通常会与金属表面发生反应，促进金属表面钝化，如铬酸盐、亚硝酸盐和正磷酸盐等。

阴极型缓蚀剂，又称阴极抑制型缓蚀剂，主要通过增加阴极反应极化程度来起到缓蚀的作用。加入该类缓蚀剂后，金属的极化曲线表现为腐蚀电位负移（$\varphi'_{corr} \rightarrow \varphi_{corr}$），腐蚀电流密度下降（$i_{corr} \rightarrow i'_{corr}$），如图 1-1（b）所示。这一类缓蚀剂主要是减缓或抑制阴极区域的氧气还原反应或氢离子还原反应。例如，硫酸锌和碳酸氢钙，它们能与阴极过程中生成的氢氧根离子发生沉淀反应，在金属表面形成沉淀膜，从而阻碍氧气的还原过程；而砷离子和锑离子则能够在阴极表面还原成金属砷和金属锑，增加氢离子还原过程的极化程度。

混合型缓蚀剂，又称混合抑制型缓蚀剂，其可以同时增加阴极反应和阳极反应的极化程度，从而起到缓蚀的作用。加入该类缓蚀剂后，金属的极化曲线表现为腐蚀电位变化不大，而腐蚀电流密度下降（$i_{corr} \rightarrow i'_{corr}$），如图 1-1（c）所示。该类缓蚀剂一般为含有氮、氧、磷、硫的有机缓蚀剂，通过在表面形成吸附膜，阻碍金属表面和腐蚀环境的接触，从而起到缓蚀的作用。

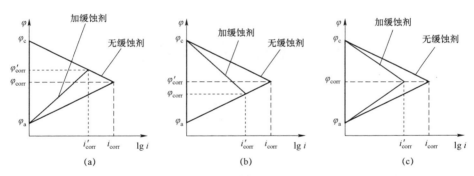

图 1-1　缓蚀剂抑制腐蚀过程的三种类型
（a）阳极型缓蚀剂；（b）阴极型缓蚀剂；（c）混合型缓蚀剂[2,5]

（3）按形成的保护膜类型分类

按照缓蚀剂在金属表面形成的保护膜类型，可将其分别为：氧化膜型缓蚀剂、沉淀膜型缓蚀剂和吸附膜型缓蚀剂。

氧化膜型缓蚀剂是一种能够在金属表面形成一层致密的钝化膜以抵御腐蚀的化学物质。氧化膜型缓蚀剂主要包括某些无机化合物，如铬酸盐、亚硝酸盐和钼酸盐等。

沉淀膜型缓蚀剂是指那些通过在金属表面生成沉淀物来提供保护作用

的化学物质，如硫酸锌、碳酸氢钙和聚磷酸盐等。这些沉淀物通常是由缓蚀剂与金属离子或腐蚀阴极反应生成的氢氧根离子沉淀形成，能够在金属表面形成一层紧密的保护膜，从而隔绝金属与腐蚀介质之间的直接接触，降低或阻止腐蚀反应的发生。

吸附膜型缓蚀剂主要通过其活性分子在金属表面的吸附作用来发挥缓蚀效果。这些活性分子能够在金属表面形成一层单分子或多分子的吸附膜，从而抵御腐蚀介质的侵袭。这种吸附通常是通过物理吸附、化学吸附或两者的结合来实现的。物理吸附主要依靠分子间的范德华力或静电作用力，而化学吸附则涉及配位键的形成。

此外，按缓蚀剂的物理状态，还可以将其分为水溶性缓蚀剂、油溶性缓蚀剂和气相缓蚀剂。

1.2   缓蚀剂的作用机理

缓蚀剂的种类繁多，其作用机理也各不相同，为了方面描述，以下按照缓蚀剂在表面形成的保护膜类型的分类角度，介绍缓蚀剂的作用原理。

1.2.1   氧化膜型缓蚀剂的作用机理

氧化膜型缓蚀剂主要通过促进金属表面形成致密性钝化膜，从而对金属表面形成保护作用，因此氧化膜型缓蚀剂也被称作钝化剂，而此类缓蚀剂也只适用于可钝化材料。

如图 1-2 所示，对于可钝化材料，其阳极曲线如 a_1 所示，若让其处于自钝化状态，应同时满足两个条件：① 腐蚀过程中阴极反应的平衡电位 φ_c 应高于其维钝电位 φ_p；② 致钝电位 φ_{pp} 下，阴极反应的电流密度应大于致钝电流密度 i_{pp}。这样，可以保证阴极曲线和阳极曲线有且只有一个交点，并且该交点位于阳极曲线的钝化区。因此，当可钝化的金属在环境中，因环境中的阴极去极化剂不满足上诉两个条件,对应于图 1-2 中阳极极化曲线 a_1 和阴极极化曲线 c_1 所组成的状态,其交点为 A,则金属处于活性溶解状态,腐蚀速率较高。若让其进入钝化状态可采用两种方式:① 改变金属的阳极极化曲线,如 a_2 所示,降低金属阳极极化曲线中致钝电流密度和维钝电位,使阴极极化曲线 c_1 与其有且只有一个交点,即交点 B,且该交点位于新阳极极化曲线 a_2 的稳定钝化区,则金属可达到自钝化状态。② 改变阴极极化曲线,如 c_2 所示,提高阴极反应的平衡电极电位为 φ_{c2},同时增加阴极反应在致钝电位下的反应电流密度,这样阴极极化曲线 c_2 和阳极极化曲线 a_1 也会只有一个交点,即交点 C,该交点位于阳极极化曲线 a_1 的稳定钝化区,则金属处于自钝化状态。

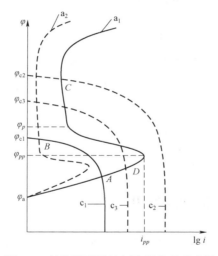

图 1-2　氧化膜型缓蚀剂作用机理示意图

（1）阳极钝化型缓蚀剂

基于以上两种方法,若缓蚀剂的加入能够改变阳极极化曲线,使金属从活化溶解状态进入自钝化状态,则该类缓蚀剂被称为阳极钝化型缓蚀剂。常见的阳极钝化膜型缓蚀剂有中性介质中的铬酸盐和重铬酸盐,它们可以将钢中的铁氧化成 Fe_2O_3,并且自身会还原成 Cr_2O_3,二者一起形成保护性钝化膜。

（2）阴极去极化型缓蚀剂

若缓蚀剂的加入能够改变阴极极化曲线，使金属从活化溶解状态进入自钝化状态，则该类缓蚀剂被称为阴极去极化型缓蚀剂。常见的阴极去极化剂有中性环境中的亚硝酸盐、酸性环境中的铬酸盐和钼酸盐等。

这里必须引起重视的是，当阴极去极化型缓蚀剂用量不足时，图 1-2 中阴极极化曲线会由 c_2 变成 c_3，其与阳极极化曲线 a_1 的交点会由 C 点变为 D 点，C 点所对应的腐蚀电流密度甚至大于 A 点，即阴极去极化型缓蚀剂用量不足时，不仅不会起到抑制腐蚀的作用，反而会显著加剧金属的腐蚀。因此，这类缓蚀剂在使用过程中，用量不足是极为危险的。

1.2.2 沉淀膜型缓蚀剂的作用机理

沉淀膜型缓蚀剂能在金属表面形成沉淀膜，从而将金属表面和腐蚀介质分开，起到抑制金属腐蚀的作用。这些缓蚀剂可与腐蚀环境中原有的离子相互作用产生沉淀，也可以与金属腐蚀过程中产生的腐蚀产物，如金属离子和氢氧根离子，发生沉淀反应。沉淀膜的厚度较钝化膜厚。例如，硫酸锌中和碳酸氢钙可以与金属吸氧腐蚀产生的氢氧根离子发生沉淀反应，分别生成氢氧化锌和碳酸钙沉淀。

1.2.3 吸附膜型缓蚀剂的作用机理[2,5]

吸附膜型缓蚀剂中的活性成分能够吸附在金属表面上，形成一层吸附层。这一吸附层可以是单分子层或多分子层，具有一定的稳定性。吸附层的形成一方面可以改变金属表面的电化学性质，增加金属表面的电阻，从而降低阳极和阴极之间的电化学反应速率。这使得金属表面的阳极溶解速率减慢，从而减缓了金属的腐蚀速率。另一方面，吸附层能够隔离金属表面与腐蚀介质之间的直接接触，防止腐蚀介质中的氧、水或其他腐蚀物质与金属表面发生反应，减少了腐蚀的发生。

吸附型缓蚀剂大多是有机缓蚀剂，由极性亲水基团和非极性疏水基团组成。吸附过程中，极性基团吸附于金属表面，而非极性基团起到形成疏水性保护膜的作用，如图 1-3 所示。

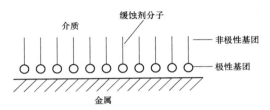

图 1-3　有机吸附型缓蚀剂在金属表面吸附示意图

有机缓蚀剂在金属表面的吸附作用通常分为物理吸附和化学吸附两种类型。物理吸附是由于缓蚀剂离子或偶极子与金属表面电荷之间产生的静电引力和范德华引力所致，这种吸附过程迅速且可逆。而化学吸附则是缓蚀剂与金属表面形成配位键所致，其吸附力比物理吸附强且不可逆，但吸附速率较为缓慢。

（1）物理吸附

缓蚀剂在金属表面的物理吸附，起因于静电引力和范德华引力，其中尤以静电引力起着重要的作用。因此，金属表面的电荷状态，对缓蚀剂的物理吸附有非常重要的影响。为了便于比较金属表面电荷的正、负性与大小，常以零电荷电位作基准。所谓等电荷电位，就是指金属表面没有任何电荷时的电位，用 $\varphi_{q=0}$ 表示。在零电荷电位时，电极表面虽不带电荷，但电极与溶液间的电位差却并不等于零。

在特定腐蚀介质中，金属的腐蚀电位与零电荷电位的相对关系决定了金属表面的电荷状态，进而影响了缓蚀剂在金属表面的吸附类型：当金属的腐蚀电位（φ_c）大于零电荷电位（$\varphi_{q=0}$）时，金属表面呈现正电性，因此更容易吸附带有负电荷的阴离子型缓蚀剂；当金属的腐蚀电位小于零电荷电位时，金属表面呈现负电性，因此更容易吸附带有正电荷的阳离子型缓蚀剂；当金属的腐蚀电位等于零电荷电位时，金属表面不带电荷，此时通

7

常发生中性分子的化学吸附。

无论吸附的是哪种离子，只要形成一层完整的吸附膜，就能抑制金属的电极反应，减缓腐蚀。对于物理吸附形成的缓蚀剂保护膜，多数是阴极抑制型，即多数吸附阳离子。

当阴极表面吸附了这种阳离子后，酸性介质中的氢离子难以接近金属表面进行还原，从而增加了氢离子反应的过电位，从而减缓了腐蚀速率。由于鎓离子带有正电荷，因此它们必须在带负电荷的金属表面才能充分吸附。因此，强碱性的缓蚀剂通常与表面电位很负的金属一起使用，以获得更好的缓蚀效果。例如，在 1N 硫酸中，铁的腐蚀电位 $\varphi_c = -0.28$ V（SHE），而铁的零电荷电位 $\varphi_{q=0} = -0.37$ V（SHE）。由于铁表面带有正电荷，季丁铵离子 $[(C_4H_9)_4N]^+$ 等强碱性缓蚀剂的效果不佳。但在该介质中添加少量的碘化钾，则碘离子能够先吸附在带正电荷的铁表面，使其带有负电荷，从而进一步吸附阳离子，提高了缓蚀效果。这种添加阴离子以增强缓蚀效果的现象称为"阴离子效应"。

为了实现良好的阴离子效应，必须使用能够强烈吸附金属的阴离子，例如碘离子、溴离子、氯离子、硫氢根离子、硫氰根离子等。相比之下，硫酸根离子、磷酸根离子、醋酸根等吸附性能较弱的阴离子，由于不能改变金属表面的电荷状态，因此缓蚀效果较差。有些缓蚀剂对盐酸的作用比对硫酸的作用更大，这与阴离子效应有关。

（2）化学吸附

有机缓蚀剂在金属表面的化学吸附，既可以通过分子中的中心原子或 π 键提供电子，也可以通过提供质子来完成。因此，可将发生化学吸附的有机缓蚀剂分为供电子型缓蚀剂和供质子型缓蚀剂两类。

供电子型缓蚀剂。若缓蚀剂的极性基团的中心原子 N、O、S、P 有未共用的孤对电子，而金属表面存在空的 d 轨道时，中心原子的孤对电子就会与金属中空的 d 轨道相互作用形成配位键，使缓蚀剂分子吸附于金属表面。由于双键、三键的 π 电子类似于孤对电子，具有供电子能力，所以，

具有 π 电子结构的有机缓蚀剂也可向金属表面空的 d 轨道提供电子而形成配位键发生吸附，这就是所谓 π 健吸附。这种由分子中的中心原子的孤对电子或 π 键与金属空的 d 轨道形成配位键而吸附的缓蚀剂，称作供电子型缓蚀剂。典型的供电子型缓蚀剂有胺类、苯类，具有双键、三键结构的烯烃、炔醇等。缓蚀剂中的中心原子上电子云密度越大，供电子能力就越强，缓蚀效率就越高。

供质子型缓蚀剂。有机缓蚀剂中的供质子型缓蚀剂通过提供质子与金属表面发生吸附反应。比如，与十六硫醚 $C_{16}H_{33}SCH$ 相比，十六硫醇 $C_{16}H_{33}SH$ 展现出更高的缓蚀率。这是因为硫原子的供电子能力较低，可能会吸引相邻氢原子的电子，使氢原子在金属表面的多电子阴极区类似于正电荷的质子一样吸附，从而发挥缓蚀作用。很明显，这是通过提供质子与金属进行化学吸附实现的。需要注意的是，N 和 O 原子的电负性比 S 原子更高，它们更有可能吸引相邻氢原子上的电子，因此含有 N 和 O 原子的缓蚀剂也可能通过提供质子进行吸附。

1.3 缓蚀剂的选择与应用

缓蚀剂在选用过程中要根据保护对象、腐蚀环境健康和环保问题和经济效果等方面进行选择。

1.3.1 保护对象

缓蚀剂的选用要根据金属在所处环境中的腐蚀行为和金属自身的腐蚀特性进行选择。例如，对于可钝化的金属，可选择氧化膜型缓蚀剂进行腐蚀防护；然而对于一些不可钝化的金属，这些缓蚀剂往往会适得其反。对于发生快速阳极溶解的金属，且腐蚀过程中金属表面相对清洁的，宜选用吸附膜型缓蚀剂。

1.3.2　腐蚀环境

（1）环境 pH

金属在中性环境中，如饮用水、冷却水和海水环境，大多以吸氧腐蚀为主，通常采用沉淀膜型缓蚀剂和氧化膜型缓蚀剂是有利的。如聚磷酸盐、硅酸盐、锌盐和钼酸盐等。而在酸性环境，如酸洗过程中，金属大多以析氢腐蚀为主，表面很难产生不溶性氧化膜或钝化膜，比较光洁。在此状态下通常宜采用有机吸附型缓蚀剂，如咪唑啉类、硫脲衍生物和有机胺等。

（2）环境温度

温度对缓蚀剂的缓蚀效果影响不一。对于大多数有机缓蚀剂和无机缓蚀剂来说，温度升高会造成金属表面上的吸附减弱，或形成的沉淀膜颗粒增大，黏附性能变差，使得缓蚀结果下降。而对于某些缓蚀剂，温度升高有利于他们在金属表面形成反应产物膜或钝化膜，反而提高缓蚀效率，如二苄亚砜和碘化物。

1.3.3　健康和环保问题

不少缓蚀剂均具有一定的毒性，例如，六价铬化合物（如铬酸和重铬酸盐）曾经是常用的缓蚀剂，它们能够有效地保护金属不被腐蚀。然而，六价铬对人类是致癌的，并且对环境有害，因此在许多国家和地区都受到了严格的限制或被禁止使用。铅及其化合物（如铅纳）也曾被用作缓蚀剂。但铅是一种有毒的重金属，可以通过饮用水系统积累在人体中，对神经系统、血液系统和其他器官系统产生严重的健康影响，特别是对儿童的影响最为严重。因此，铅基缓蚀剂的使用受到严格控制。某些有机氮化合物，如苯并三唑和其他含氮杂环化合物，被广泛用作金属缓蚀剂。这些化合物可以通过吸附在金属表面来抑制腐蚀，但它们可能对水生生物具有毒性，并且在自然环境中难以降解[7]。此外，磷酸盐类化合物虽然广泛用作缓蚀剂，且对人体健康的影响相对较低，但过度使用会导致水体富营养化，引发藻类繁殖过快，消耗水中的氧气，对水生生态系统造成破坏。故在应用缓蚀剂时应尽可能采用低毒的，在废水排放时应考虑毒性消除处理。

1.3.4 经济效果

在评估缓蚀保护的经济效益时，必须综合考虑设备的防护价值与缓蚀剂的使用成本。对于直流水系统，由于缓蚀剂的流失较大，使用缓蚀剂进行防蚀可能不是最经济的选择。相反，对于循环水系统和酸洗除锈过程，使用缓蚀剂则是恰当且有效的。此外，将缓蚀剂与其他防腐蚀措施，如阴极保护和涂层保护等策略结合使用，能够显著增强缓蚀剂的作用效率，进一步优化防腐蚀过程的成本效益。

1.4 碳点的基本结构、分类、性质及应用

1.4.1 碳点的结构及分类

2004 年，Xu[8]等人在通过制备电泳纯化单壁碳纳米管时首次发现了碳点，并将其描述为"fluorescent nanoparticle（荧光纳米颗粒）"。然而，直到 2006 年 Sun[9]等人正式将这种碳纳米材料定义为"carbon quantum dot（碳量子点）"后，研究人员才开始对这一领域产生浓厚的兴趣。"碳点"这一术语被用来精确地区分它们与更广泛的碳纳米颗粒领域，比如碳黑。由于其迷人的物理化学性质——包括超小尺寸（<10 nm）、丰富的官能团、荧光、化学稳定性和生物相容性，碳点被誉为继富勒烯、纳米管和石墨烯之后又一种划时代的碳基纳米材料。碳点主要由碳原子组成，具有类似石墨的 sp^2 杂化碳和类似金刚石的 sp^3 杂化碳。它们通常含有一些官能团，如羧基、羟基、酯基和氨基等，这些官能团赋予了碳点良好的溶解性和生物相容性。

根据碳点的结构的差异性，众多研究人员尝试为其进行分类，以方便对其的研究工作[10-16]。不同的工作者对碳点的分类虽有些许差异，但大致相同。以下分类方式为笔者比较认同的一种。根据碳核的微观结构，CDs进一步分为石墨烯量子点（graphene quantum dots，GQDs）、碳量子点（carbon quantum dots，CQDs）、碳纳米点（carbon nanodots，CNDs）和碳化聚合物点（carbonized polymer dots，CPDs）

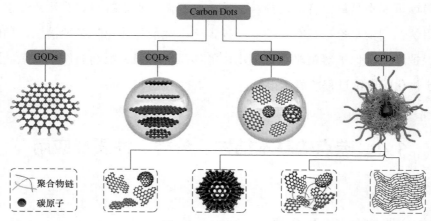

图 1-4　碳点的分类[17]

　　（1）石墨烯量子点

　　严格来说，石墨烯量子点（GQDs）是指直径小于 10 nm 的单层石墨烯。然而，在实际应用中，由于制备条件不理想，GQDs 通常含有几层原子层，边缘或内层存在功能基团或缺陷[14,18,19]。它们的水平尺寸（通常＜10 nm）通常比它们的高度（通常＜2.5 nm）大得多[20]。此外，作为石墨碎片，GQDs 表现出保留的石墨畴（sp^2 畴），并且具有与块体石墨相似的石墨面内晶格间距（0.18～0.24 nm），如图 1-5 所示。

　　（2）碳量子点

　　碳量子点（CQDs），主流观点认为它们具有准球形碳纳米颗粒，其核心是基于 sp^2 和 sp^3 碳的混合物[22,23]。透射电镜的高分辨结果中，只能看到与块体石墨相似的石墨面内晶格间距（0.18～0.24 nm），但没有石墨烯量子点内部特有的石墨畴，如图 1-6 所示。Qu 等人还在一些碳量子点相邻位置之间发现了不均匀晶格条纹（$d_{100} = 0.21$ nm），并将这一类碳量子点称为"Supra-carbon nanodots"，即，"超-碳纳米点"[24]。

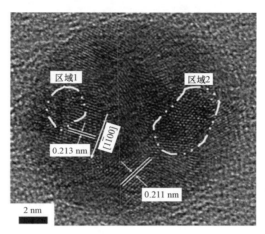

图 1-5　石墨烯量子点中的石墨畴[21]

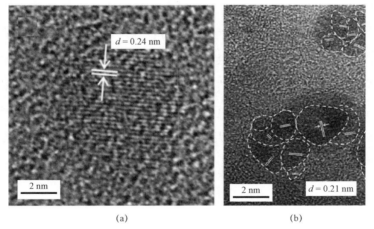

(a)　　　　　　　　　　　　　　　(b)

图 1-6　碳量子点和"超-碳纳米点"的晶格条纹

（a）碳量子点中的晶格条纹[25]；（b）"超-碳纳米点"间的晶格条纹[24]

（3）碳纳米点

碳纳米点也是球形的，碳化程度高，表面带有化学基团，但它们的核心是由无明显晶体结构的非晶态碳组成的[26,27]，如图 1-7 所示。光致发光主要来源于芯内部的缺陷/表面态和亚畴态，没有粒径的量子限制效应[28,29]。

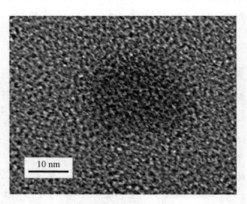

图 1-7 　碳纳米点的非晶态中心[27]

（4）碳化聚合物点

与富含碳的碳点（即石墨烯量子点、碳量子点和碳纳米点）不同，碳化聚合物点具有低碳化程度和碳/聚合物杂化骨架，在碳核和外壳中都有大量官能团/聚合物链[12]。与传统的聚合物点相比，它们的碳化核心贡献了碳化聚合物点的主要光学特性[30]。Yang[12]认为碳化聚合物点是完全碳化的碳点和聚合物点之间的过渡产物，根据其碳核结构又可以分成四种。这四种碳化聚合物点中，两种具有完全碳化的碳核，分别类似于碳纳米点和碳量子点的碳核，碳核外部由聚合物链包围；第三种的碳核由带有聚合物框架的微小碳簇组成的准晶碳结构；第四种的碳核为高度脱水的交联卷曲聚合物框架。

1.4.2 　碳点的性质及应用

（1）光学性质及其应用

由于量子限域效应，尽管碳点在纳米结构上差异很大，但它们的光学性质方面有显著的共同点。碳点通常在紫外光区表现出强的光吸收能力，并且一直延伸至可见光区。在 230～270 nm 左右的特征吸收是由于芳香族的 C＝C 键 π—π*跃迁引起的，300 nm 左右到可见光区的吸收归因于

$C = O/C = N$ 键的 $n—\pi^*$ 的跃迁[31]。

光致发光（PL）是碳点最迷人的特性之一，当入射光子的能量等于或高于碳点的带隙（E_g）时，电子从基态（S_0）受激跃迁到激发态（S_1），处于激发态的电子不稳定会重新回到基态与空穴复合，同时以光子的形式释放能量，发射荧光。关于碳点的荧光机制，目前有四种解释：量子限域效应[32]、缺陷态[33]、分子态[34]、交联增强发射态[35]。当半导体尺寸降到小于其激子波尔半径时，产生量子限域效应，半导体的能隙随着 sp^2 杂化域的增大而减小。sp^2 结构的破坏使碳点表面产生缺陷，这些缺陷充当激子的复合中心从而产生与缺陷态相关的荧光。分子态荧光通常发生在自下而上制备碳点的过程中，有机分子发光团键合在碳骨架上，有较强的荧光发射强度。交联增强发射通常发生在碳化聚合物点中，碳核与聚合物链交联，通过抑制发光中心的振动和转动进而增强发光。

室温磷光（RTP）区别于荧光，当入射光子被吸收后，来自单重激发态（S_1）的电子通过系间窜越（ISC）到达三重激发态（T_n），从最低三重激发态（T_1）回到基态（S_0）辐射光子。这个过程比发射荧光缓慢，当入射光消失时荧光会立即消失，而磷光还会持续一段时间。为了获得磷光，有效的 ISC 和抑制三重态的非辐射弛豫十分重要。单重态到三重态的 ISC 是自旋禁阻的，自旋轨道耦合弱，引入具有丰富孤对电子的 $C = O/C = N$ 键可以增强自旋轨道耦合，有利于 ISC 过程[36]。当 T_1 态和 S_1 态之间的能隙足够小时，T_1 态的电子可以通过反系间窜越被热激活进入 S_1 态，最后回到基态与空穴复合发射光子，这称为热激活延迟荧光（TADF）[37]。

与传统光致发光不同，上转换发光（up-conversion PL）又称反-斯托克斯发光，是在吸收两个或者多个长波长光子的情况下发射出较短波长的光子。Cao 等人[38]发现碳点在近红外（800 nm）中实现双光子激发，近年来研究人员用更长的激发波长（1 400～2 000 nm）激发 CDs 陆续发现了三光子、四光子荧光[39,40]。

根据碳点的发光机制，可以通过调控碳点的尺寸大小、进行杂原子掺杂、创造表面缺陷等方式调节荧光发射，并应用于 LED[41]、生物成像[42]、离子检测[43]等方面。共轭 π 域的碳点尺寸越大，带隙越小，发射峰红移，通过改变温度、时间、溶剂等方式可以实现共轭 π 域的调节。Tian 等人[44]以柠檬酸、尿素为前体，使用三种不同溶剂（水、甘油、DMF）控制脱水碳化过程，形成具有不同大小 sp^2 域的碳点，导致从蓝光到红光的发射位移，通过混合不同发光颜色的碳点制备了白色发光的 LED。N 原子半径与 C 原子半径相似，因此很容易掺入碳材料中。N 原子掺杂可以产生新的表面能级，导致发射波长红移，其中不同 N 原子的掺杂形式如—NH_2 可以提高量子产率（PLQY）[45]。

图 1-8　碳点的全光发射[44]

（2）电化学性质及应用

碳点作为一种典型的零维材料，具有比表面积大、边缘位点丰富、易于调控等特点，可以与金属、金属氧化物/硫化物、碳材料等结合，制备各种复合材料应用于催化、电池、超级电容器等领域。

碳核和官能团之间的相互作用调节着碳点的电子转移特性。碳点表面含有丰富的含氧官能团，这些官能团可以提供活性位点，提高润湿性，从而促进电容器中电解质离子的吸附，形成致密的双电层。羰基和羧基可以在碱性电池中提供赝电容，羰基和醌基在酸性电解质中提供赝电容[46]。杂原子掺杂可以改变碳点的局域电子态，促进电荷分离和转移。氮掺杂碳点（NCDs）与 Ru 纳米颗粒复合，有效地调控了活性中心 Ru 的电子结构，氮掺杂的 sp^2/sp^3 杂化碳界面降低了析氢反应的能垒，平衡了氢的吸附和解附，大大提高了 Ru/NCDs 的催化活性[47]。Zhang 等人[48]在还原氧化石墨烯（rGO）上引入碳点（CDs@rGO）可以有效缩短电子和离子的传输距离改善动力学，碳点中的含氧官能团有利于 K^+ 离子的有序感应，在电极表面形成完整的固体电解质相界面。

（3）毒性

与含有重金属（Cd、Pb）和有机染料的传统半导体量子点相比，碳点具有良好的生物相容性，在生物成像、传感、药物递送等领域具有良好的应用前景。大多数报道显示碳点的毒性非常低或无毒，Nurunnabi 等人[49]将羧基化的石墨烯量子点注入小鼠体内，发现石墨烯量子点在肝、脾、肺、肾和肿瘤部位蓄积，通过检测发现未对小鼠器官造成明显损伤和病变。然而碳点的毒性与多种因素（如表面电荷、光解、浓度等）密切相关，阳离子碳纳米颗粒的表面电荷密度越高可能会诱导细胞"氧化应激"[50]。光照射下碳点会产生活性氧对细胞造成损伤，Liu 等人[51]研究发现光诱导碳点降解会产生对正常细胞和癌变细胞同样有毒性的分子，其中羟基和烷基自由基在碳点的降解中起重要作用。

1.5 碳点的合成方法

1.5.1 自上而下

碳点的合成方法大致可分为两大类：自上而下和自下而上[52]。自上而下法主要是通过物理或化学手段从较大的碳材料（石墨、碳纤维、碳纳米管等）上剥离出碳点，具有非选择性，获得的碳点尺寸分布较宽。具体的，自上而下法主要包括电弧放电[8]、激光烧蚀[53]、化学氧化[54]等方法。电弧放电法[8]是利用高温高压下的电弧放电，在阴阳两极之间产生等离子体，使大尺寸的碳材料分解成小尺寸碳点的方法。激光烧蚀法[53]使用高能激光束照射碳材料表面，使其瞬间升温并蒸发，形成纳米级碳点的方法。化学氧化是一种很常见的方法，使用强氧化剂如浓 H_2SO_4、HNO_3、H_2O_2 等破坏碳源中的共价键，使其裂成小分子，得到的产物具有丰富的含氧官能团。Peng 等人[55]利用浓硫酸对碳水化合物进行脱水，然后用硝酸处理碳质材料得到蓝色发光的碳点。Ye 等人[56]以 H_2SO_4、HNO_3 混酸作为氧化剂氧化烟煤、无烟煤和焦炭，得到了具有不同发射波长的石墨烯碳量子点。

1.5.2 自下而上

通过小分子交联聚合、脱水碳化合成碳点，包括水热[57]、溶剂热[58]、微波辅助[59]等方式，这种方式得到的 CDs 尺寸分布较窄，量子产率高。通常选择含有—COOH、—OH、—NH₂ 等基团的物质作为前体，其中柠檬酸、尿素是最常见的碳源。Guo 等人[60]在甲苯中对柠檬酸、尿素进行溶剂热反应，得到白色荧光的碳点溶液，分离纯化后得到 PLQY 高达 92%的黄光碳点和 PLQY 为 19%的蓝光碳点。Zheng 等人[57]以天冬酰胺和对苯二胺为碳源，通过调控二者的比例，合成了具有蓝、绿、橙、红多色发光 CDs，通过调节四种颜色碳点的比例，制造了白色发光的 LED。水热/溶剂热这种方式可以通过前体的选择，以及反应过程中反应溶剂、温度、时间等的调控合成具有不同发光性质的 CDs。此外，还有一些通过生物质大分子材料合成 CDs，生物质中通常含有 N、S、P 等元素。Chen 等人[61]用乙醇提取的三叶草溶液通过溶剂热合成了深红色发光的 CDs，具有从紫外到深红色区域的宽吸收带范围，21 nm 的超窄发射带宽。

微波法利用微波辐射将有机物直接碳化成 CDs，以柠檬酸作为碳源，半胱氨酸作为 N、S 掺杂源分散在不同溶液中，通过一步微波法合成了蓝、黄、红色发光的碳点，作为多色 LED 和白光 LED 的荧光转换器层[62]。微波法通常和其他方法结合使用，称为微波辅助。柠檬酸和尿素在纯水中采用一步微波水热法合成了在 650 nm 处有吸收峰的 CDs，表现出 54.3% 的高近红外光热效率，可以用作癌症治疗中的光热剂[63]。

1.6　碳点缓蚀剂在不同环境中的缓蚀行为

1.6.1　碳点在强酸性环境中的缓蚀行为

在天然气和石油工业中，酸洗常用于去除金属管道内的腐蚀沉积物。在这些过程中，由于强酸（HCl 和 H_2SO_4）的使用，导致金属材料的表面也被严重腐蚀，从而出现"过酸洗"的现象。为了避免"过酸洗"现象，在酸洗液中加入缓蚀剂，是保护金属材料免受腐蚀破坏的一种常用腐蚀防护手段。在众多新型绿色缓蚀剂中，碳点由于其高效的缓蚀效率、良好的生物相容性和环境友好性，自其 2017 年被首次报道[64]后便吸引了众多研究者的关注。近年来，一些与 CDs 缓蚀剂有关的研究工作陆续展开。表 1-1 列出了近年来在酸性环境中对不同金属的缓蚀作用。目前大多数碳点缓蚀剂的研究集中于抑制碳钢在盐酸环境中的腐蚀，其缓蚀效率基本上都能达到 90% 以上，有些甚至接近 99%[65]。并且，除碳钢以外，碳点对酸性环境中纯铜[66]和铝合金[67]的腐蚀也能起到良好的抑制作用。此外，可作为缓蚀剂的碳点，其原料可以是人工合成的，也可以选用天然生物质材料，例如 Long 等人[68]将干荔枝叶粉作为合成碳点的原料，通过水热合成法所得的碳点，其对 1 mol/L 盐酸溶液中碳钢腐蚀的缓蚀效率可以达到 98.06%（碳点浓度为 200 mg/L），这与大多以人工合成原料制备的碳点缓蚀剂效率相当，甚至更高。

表 1-1　碳点缓蚀剂在酸性环境中对不同金属的缓蚀作用

编号	碳点	原料	合成方法	金属	腐蚀环境	缓蚀效率 η，添加量/（mg/L）	参考文献
1	CDs	对氨基水杨酸	水热合成	碳钢	1 mol/L HCl	90.9%，10	[64]
2	N-CDs[①]	柠檬酸铵	水热合成	碳钢	1 mol/L HCl	97.4%，200	[69]
3	N,S-CDs[②]	柠檬酸、异胺肼、硫脲	水热合成	碳钢	15%HCl	98.64%，225	[65]
4	o-CDs[③]	邻苯二胺	水热合成	碳钢	1 mol/L HCl	94%，200	[70]
5	NCDs[④]	柠檬酸、乙二胺	水热合成	碳钢	1 mol/L HCl	92%，100	[71]
6	N-CDs	对氨基水杨酸、L-组氨酸	水热合成	碳钢	1 mol/L HCl	91.5%，50	[72]
7	N-CDs	丝氨酸、柠檬酸	溶剂热合成（乙醇水溶液）	纯铜	0.5 mol/L H_2SO_4	93.6%，200	[73]
8	N,S-CDs	水杨酸、硫脲	水热合成	碳钢	1 mol/L HCl	96.4%，200	[74]
9	CDs	柠檬酸铵	水热合成	碳钢	1 mol/L HCl	96.96%，200	[75]
10	N-CDs	甲基丙烯酸、正丁胺	水热合成	碳钢	1 mol/L HCl	94.96%，200	[76]
11	N-CDs	柠檬酸、组氨酸	热分解碳化	碳钢	1 mol/L HCl	96.13%，200	[77]
12	N,S-CDs	氨基水杨酸、硫脲	水热合成	5052铝合金	0.1 mol/L HCl	85.9%，5	[67]
13	N,S-CDs	邻苯二胺、硫脲	水热合成	纯铜	0.5 mol/L H_2SO_4	99.8%，50	[66]
14	IL-CDs[⑤]	1-丁基-3-甲基咪唑溴化物、L-半胱氨酸	溶剂热合成	碳钢	1 mol/L HCl	97.0%，40	[78]
15	LCDs[⑥]	干荔枝叶粉	水热合成	碳钢	1 mol/L HCl	98.06%，200	[68]
16	NCDs	邻苯二胺、硫脲	水热合成	碳钢	1 mol/L HCl	97.8%，100	[79]
17	Cu,N-CDs[⑦]	柠檬酸、乙二胺、氯化铜	水热合成	碳钢	1 mol/L HCl	97.4%，100	[80]
18	CDMH[⑧]	丙二晴、尿素	水热合成	碳钢	15%HCl	97.92%，125	[81]
19	N,S-CDs	柠檬酸铵、L-半胱氨酸	水热合成	纯铜	1 mol/L HCl	94%，160	[82]
20	N-CDs	L-色氨酸	水热合成	碳钢	1 mol/L HCl	94%，200	[83]
21	N-CDs	柠檬酸、异烟肼、尿素	水热合成	碳钢	1 mol/L HCl	93.09%，350	[84]
22	N-CDs	水杨酸钠、四乙基苯胺、尿素	微波水热	碳钢	1 mol/L HCl（70 ℃）	91.5%，200	[85]

续表

编号	碳点	原料	合成方法	金属	腐蚀环境	缓蚀效率 η, 添加量/（mg/L）	参考文献
23	N,S-CDs	乙醛、苯并三唑、2-巯基苯并咪唑	室温搅拌合成	碳钢	1 mol/L HCl	96.35%，50	[86]
24	NCDs	柠檬酸、十二烷基胺	水热合成	碳钢	1 mol/L HCl	92.9%，150	[87]
25	NCDs	氨基水杨酸	溶剂热合成（乙醇胺）	纯铜	0.5 mol/L H_2SO_4	89.2%，50	[88]

注：① 氮掺杂碳点；
② N、S 共掺碳点；
③ 邻苯二胺制备的碳点；
④ 氮掺杂碳点；
⑤ 离子液体辅助合成的碳点；
⑥ 荔枝叶子干粉制备的碳点；
⑦ Cu、N 共掺碳点；
⑧ 尿素和丙二腈制备的碳点。

1.6.2 在中性的盐溶液中的缓蚀行为

金属材料在盐溶液环境中容易腐蚀。特别的，当这些盐溶液中含有腐蚀性的 Cl^- 离子，其能有效地吸附在金属表面，促进金属的腐蚀。地下水、海水和原油的水相都是盐溶液环境。通常金属，特别是碳钢，在这些环境中发生的是吸氧腐蚀。现有研究显示，碳点在质量分数为 3.5%NaCl 溶液中对碳钢的腐蚀也能起到良好的抑制作用，如表 1-2 所示。

表 1-2 碳点缓蚀剂在酸性环境中的缓蚀性能

编号	碳点	原料	合成方法	金属	缓蚀效率 η, 添加量/（mg/L）	参考文献
1	Me-CDs	柠檬酸、三聚氰胺	水热合成 + 接枝	碳钢	93.18%，200	[89]
2	N-CDs	水杨酸钠、四乙基苯胺、尿素	微波水热	碳钢	94.6%，200	[85]
3	IM-CDs[1]	柠檬酸、离子液体	热分解碳化	碳钢	85.7%，200	[90]
4	N-CDs	甲基丙烯酸，乙基（甲基）胺	水热合成	碳钢	88.96%，200	[91]

注：Me-CDs：三聚氰胺改性的碳点

1.6.3　在 CO_2 饱和 3.5%NaCl 溶液中的缓蚀行为

CO_2 是一种腐蚀性物质，它能溶解在水中并生成碳酸，导致管道早期失效，并因电化学腐蚀在全球范围内引发严重事故。随着 CO_2 驱动的油田开发，油气田生产的大部分水都富含 CO_2，并且含盐量也很高。基于此，Chen 等人[92]采用氨基水杨酸和硫脲合成了 N、S 共掺碳点（N, S-CDs），并测试了其在 CO_2 饱和 3.5%NaCl 溶液中的缓蚀行为。结果显示，50 mg/L 该碳点对碳钢腐蚀的抑制效率可达 93%，如图 1-9 所示。

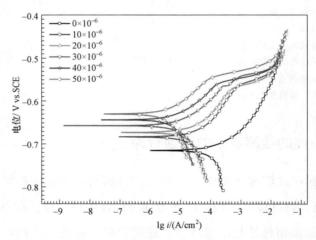

图 1-9　50 ℃下，CO_2 饱和 3.5%NaCl 溶液中不同浓度
N,S-CDs 对碳钢极化曲线的影响[92]

1.6.4　在含氯碱性环境中的缓蚀行为

钢筋混凝土结构容易受到氯离子腐蚀，而防腐蚀剂可以有效地保护钢筋免受氯离子腐蚀，从而提高混凝土结构的耐久性。由于其环境友好性、制备简单性和高抑制效率，碳点作为一种有前途的绿色腐蚀抑制剂，受到了广泛关注。在 LIU 等人[82]的研究中，以邻苯二胺和对苯二胺为原料水热合成了碳点，并将其作为一种新型有效的缓蚀剂首次应用于保护受氯化物污染的模拟混凝土孔隙溶液中的碳钢。结果显示，碳点在含 Cl^- 粒子的模拟

孔隙液中对碳钢的长期抑制效率为 99.2%，如图 1-10 所示。计算模拟结果显示，CDs 能够在碳钢的 Fe（110）或 γ-FeOOH（010）表面上的稳定吸附。这项研究提供了一种新型高效的防腐剂以及简便的合成方法，以有效减轻碳钢的氯化物腐蚀，有望提高钢筋结构的耐久性，并进一步拓宽了碳点的应用环境。

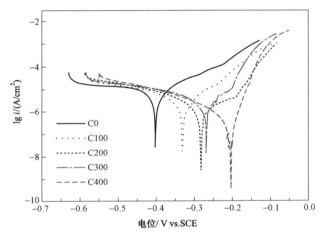

图 1-10　不同浓度碳点对含 Cl⁻离子的模拟孔隙液中碳钢腐蚀行为的影响[82]

参考文献

［1］曾荣昌. 材料的腐蚀与防护［M］. 北京：化学工业出版社，2009.

［2］李晓刚. 材料腐蚀与防护概论［M］. 北京：机械工业出版社，2021.

［3］刘道新. 材料的腐蚀与防护［M］. 北京：西北工业大学出版社，2006.

［4］孙跃，胡津. 金属腐蚀与控制［M］. 哈尔滨：哈尔滨工业大学出版社，2003.

［5］魏宝明. 金属腐蚀理论及应用［M］. 北京：化学工业出版社，1984.

［6］赵麦群，雷阿丽. 金属的腐蚀与防护［M］. 北京：国防工业出版社，2002.

［7］OFUYEKPONE O D, UTU O G, ONYEKPE B O, et al. Corrosion

Inhibition of Chloride-Induced Attack on AISI 304L Using Novel Corrosion Inhibitor: A Case Study of Extract of Centrosema pubescens[J]. Chemistry Africa, 2023, 6(1): 459-476.

［8］ XU X, RAY R, GU Y, et al. Electrophoretic Analysis and Purification of Fluorescent Single-Walled Carbon Nanotube Fragments[J]. Journal of the American Chemical Society, 2004, 126(40): 12736-12737.

［9］ SUN Y-P, ZHOU B, LIN Y, et al. Quantum-Sized Carbon Dots for Bright and Colorful Photoluminescence[J]. Journal of the American Chemical Society, 2006, 128(24): 7756-7757.

［10］ ĐORĐEVIĆ L, ARCUDI F, CACIOPPO M, et al. A multifunctional chemical toolbox to engineer carbon dots for biomedical and energy applications[J]. Nature Nanotechnology, 2022, 17(2): 112-130.

［11］ ZHAI Y, ZHANG B, SHI R, et al. Carbon Dots as New Building Blocks for Electrochemical Energy Storage and Electrocatalysis[J]. Advanced Energy Materials, 2022, 12(6): 2103426.

［12］ XIA C, ZHU S, FENG T, et al. Evolution and Synthesis of Carbon Dots: From Carbon Dots to Carbonized Polymer Dots[J]. Advanced Science, 2019, 6(23): 1901316.

［13］ LIU M L, CHEN B B, LI C M, et al. Carbon dots: synthesis, formation mechanism, fluorescence origin and sensing applications[J]. Green Chemistry, 2019, 21(3): 449-471.

［14］ HU C, LI M, QIU J, et al. Design and fabrication of carbon dots for energy conversion and storage[J]. Chemical Society Reviews, 2019, 48(8): 2315-2337.

［15］ LI S, LI L, TU H, et al. The development of carbon dots: From the perspective of materials chemistry[J]. Materials Today, 2021, 51: 188-207.

［16］ CAYUELA A, SORIANO M L, CARRILLO-CARRIóN C, et al.

Semiconductor and carbon-based fluorescent nanodots: the need for consistency[J]. Chemical Communications, 2016, 52(7): 1311-1326.

［17］ AI L, SHI R, YANG J, et al. Efficient Combination of G-C3N4 and CDs for Enhanced Photocatalytic Performance: A Review of Synthesis, Strategies, and Applications[J]. Small, 2021, 17(48): 2007523.

［18］ ZHENG X T, ANANTHANARAYANAN A, LUO K Q, et al. Glowing Graphene Quantum Dots and Carbon Dots: Properties, Syntheses, and Biological Applications[J]. Small, 2015, 11(14): 1620-1636.

［19］ ZHU S, SONG Y, ZHAO X, et al. The photoluminescence mechanism in carbon dots(graphene quantum dots, carbon nanodots, and polymer dots): current state and future perspective[J]. Nano Research, 2015, 8(2): 355-3581.

［20］ SUN H, WU L, WEI W, et al. Recent advances in graphene quantum dots for sensing[J]. Materials Today, 2013, 16(11): 433-442.

［21］ YEH T F, TENG C Y, CHEN S J, et al. Nitrogen‐doped graphene oxide quantum dots as photocatalysts for overall water‐splitting under visible light Illumination[J]. Advanced materials, 2014, 26(20): 3297-3303.

［22］ NIE H, LI M, LI Q, et al. Carbon dots with continuously tunable full-color emission and their application in ratiometric pH sensing[J]. Chemistry of Materials, 2014, 26(10): 3104-3112.

［23］ CAYUELA A, SORIANO M, CARRILLO-CARRIÓN C, et al. Semiconductor and carbon-based fluorescent nanodots: the need for consistency[J]. Chemical Communications, 2016, 52(7): 1311-1326.

［24］ LI D, HAN D, QU S-N, et al. Supra-(carbon nanodots) with a strong visible to near-infrared absorption band and efficient photothermal conversion[J]. Light: Science & Applications, 2016, 5(7): e16120-e.

［25］ DO S, KWON W, KIM Y-H, et al. N, S-Induced Electronic States of

Carbon Nanodots Toward White Electroluminescence[J]. Advanced Optical Materials, 2016, 4(2): 276-284.

［26］MARGRAF J T, STRAUSS V, GULDI D M, et al. The electronic structure of amorphous carbon nanodots[J]. The Journal of Physical Chemistry B, 2015, 119(24): 7258-7265.

［27］SIDDIQUE A B, SINGH V P, PRAMANICK A K, et al. Amorphous carbon dot and chitosan based composites as fluorescent inks and luminescent films[J]. Materials Chemistry and Physics, 2020, 249: 122984.

［28］YOON H, CHANG Y H, SONG S H, et al. Intrinsic Photoluminescence Emission from Subdomained Graphene Quantum Dots[J]. Advanced Materials (Deerfield Beach, Fla.), 2016, 28(26): 5255-5261.

［29］SHAMSIPUR M, BARATI A, TAHERPOUR A A, et al. Resolving the Multiple Emission Centers in Carbon Dots: From Fluorophore Molecular States to Aromatic Domain States and Carbon-Core States[J]. The Journal of Physical Chemistry Letters, 2018, 9(15): 4189-4198.

［30］ZHU S, WANG L, ZHOU N, et al. The crosslink enhanced emission (CEE) in non-conjugated polymer dots: from the photoluminescence mechanism to the cellular uptake mechanism and internalization[J]. Chemical Communications, 2014, 50(89): 13845-13848.

［31］WANG Y, KALYTCHUK S, ZHANG Y, et al. Thickness-Dependent Full-Color Emission Tunability in a Flexible Carbon Dot Ionogel[J]. Journal of Physical Chemistry Letters, 2014, 5(8): 1412-1420.

［32］SK M A, ANANTHANARAYANAN A, HUANG L, et al. Revealing the tunable photoluminescence properties of graphene quantum dots[J]. Journal of Materials Chemistry C, 2014, 2(34): 6954-6960.

［33］CAO L, MEZIANI M J, SAHU S, et al. Photoluminescence Properties of

Graphene versus Other Carbon Nanomaterials[J]. Accounts Chem Res, 2013, 46(1): 171-180.

［34］ KRYSMANN M J, KELARAKIS A, DALLAS P, et al. Formation Mechanism of Carbogenic Nanoparticles with Dual Photoluminescence Emission[J]. Journal of the American Chemical Society, 2012, 134(2): 747-750.

［35］ ZHU S J, WANG L, ZHOU N, et al. The crosslink enhanced emission (CEE) in non-conjugated polymer dots: from the photoluminescence mechanism to the cellular uptake mechanism and internalization[J]. Chemical Communications, 2014, 50(89): 13845-13848.

［36］ ZHAO W J, HE Z K, TANG B Z. Room-temperature phosphorescence from organic aggregates[J]. Nat Rev Mater, 2020, 5(12): 869-885.

［37］ WANG B Y, LU S Y. The light of carbon dots: From mechanism to applications[J]. Matter, 2022, 5(1): 110-149.

［38］ CAO L, WANG X, MEZIANI M J, et al. Carbon dots for multiphoton bioimaging[J]. Journal of the American Chemical Society, 2007, 129(37): 11318.

［39］ LI D, JING P T, SUN L H, et al. Near-Infrared Excitation/Emission and Multiphoton-Induced Fluorescence of Carbon Dots[J]. Advanced Materials, 2018, 30(13): 8.

［40］ LIU K K, SONG S Y, SUI L Z, et al. Efficient Red/Near-Infrared-Emissive Carbon Nanodots with Multiphoton Excited Upconversion Fluorescence[J]. Adv Sci, 2019, 6(17): 10.

［41］ AN Y L, LIU C, CHEN M, et al. Solid-State Carbon Dots with Tunable Fluorescence via Surface Substitution: Effect of Alkyl Moieties on Fluorescence Characteristics[J]. ACS Sustain Chem Eng, 2023, 11(1): 23-28.

［42］ LIU Y P, LEI J H, WANG G, et al. Toward Strong Near-Infrared Absorption/Emission from Carbon Dots in Aqueous Media through Solvothermal Fusion of Large Conjugated Perylene Derivatives with Post-Surface Engineering[J]. Adv Sci, 2022, 9(23): 11.

［43］ SHEN C, GE S Y, PANG Y Y, et al. Facile and scalable preparation of highly luminescent N, S co-doped graphene quantum dots and their application for parallel detection of multiple metal ions[J]. J Mat Chem B, 2017, 5(32): 6593-6600.

［44］ TIAN Z, ZHANG X T, LI D, et al. Full-Color Inorganic Carbon Dot Phosphors for White-Light-Emitting Diodes[J]. Adv Opt Mater, 2017, 5(19): 9.

［45］ YUAN F L, WANG Z B, LI X H, et al. Bright Multicolor Bandgap Fluorescent Carbon Quantum Dots for Electroluminescent Light Emitting Diodes(vol 29, 1604436, 2017)[J]. Advanced Materials, 2024, 36(4): 3.

［46］ LIU Y M, ROY S, SARKAR S, et al. A review of carbon dots and their composite materials for electrochemical energy technologies[J]. Carbon Energy, 2021, 3(5): 795-826.

［47］ LIU Z L, LI B Q, FENG Y J, et al. N-Doped sp^2/sp^{3}Carbon Derived from Carbon Dots to Boost the Performance of Ruthenium for Efficient Hydrogen Evolution Reaction[J]. Small Methods, 2022, 6(10): 10.

［48］ ZHANG E J, JIA X N, WANG B, et al. Carbon Dots@rGO Paper as Freestanding and Flexible Potassium-Ion Batteries Anode[J]. Adv Sci, 2020, 7(15): 8.

［49］ NURUNNABI M, KHATUN Z, HUH K M, et al. *In Vivo* Biodistribution and Toxicology of Carboxylated Graphene Quantum Dots[J]. Acs Nano, 2013, 7(8): 6858-6867.

［50］ WEISS M, FAN J H, CLAUDEL M, et al. Density of surface charge is a more predictive factor of the toxicity of cationic carbon nanoparticles than zeta potential[J]. J Nanobiotechnol, 2021, 19(1): 19.

［51］ LIU Y Y, YU N Y, FANG W D, et al. Photodegradation of carbon dots cause cytotoxicity[J]. Nature Communications, 2021, 12(1): 12.

［52］ BAKER S N, BAKER G A. Luminescent Carbon Nanodots: Emergent Nanolights[J]. Angew Chem-Int Edit, 2010, 49(38): 6726-6744.

［53］ HU S L, NIU K Y, SUN J, et al. One-step synthesis of fluorescent carbon nanoparticles by laser irradiation[J]. Journal of Materials Chemistry, 2009, 19(4): 484-488.

［54］ MENG X, CHANG Q, XUE C R, et al. Full-colour carbon dots: from energy-efficient synthesis to concentration-dependent photoluminescence properties[J]. Chemical Communications, 2017, 53(21): 3074-3077.

［55］ PENG H, TRAVAS-SEJDIC J. Simple Aqueous Solution Route to Luminescent Carbogenic Dots from Carbohydrates[J]. Chem Mat, 2009, 21(23): 5563-5565.

［56］ YE R Q, XIANG C S, LIN J, et al. Coal as an abundant source of graphene quantum dots(vol 4, 2943, 2013)[J]. Nature Communications, 2015, 6: 1.

［57］ ZHENG Y X, ARKIN K, HAO J W, et al. Multicolor Carbon Dots Prepared by Single-Factor Control of Graphitization and Surface Oxidation for High-Quality White Light-Emitting Diodes[J]. Adv Opt Mater, 2021, 9(19): 11.

［58］ JIANG K, FENG X Y, GAO X L, et al. Preparation of Multicolor Photoluminescent Carbon Dots by Tuning Surface States[J]. Nanomaterials, 2019, 9(4): 12.

［59］ TANG L B, JI R B, CAO X K, et al. Deep Ultraviolet Photoluminescence of Water-Soluble Self-Passivated Graphene Quantum Dots[J]. Acs Nano, 2012, 6(6): 5102-5110.

[60] GUO J Z, LU Y S, XIE A Q, et al. Yellow-Emissive Carbon Dots with High Solid-State Photoluminescence[J]. Advanced Functional Materials, 2022, 32(20): 11.

[61] CHEN R J, WANG Z B, PANG T, et al. Ultra-Narrow-Bandwidth Deep-Red Electroluminescence Based on Green Plant-Derived Carbon Dots[J]. Advanced Materials, 2023, 35(36): 10.

[62] FU R, SONG H Q, LIU X J, et al. Disulfide Crosslinking-Induced Aggregation: Towards Solid-State Fluorescent Carbon Dots with Vastly Different Emission Colors[J]. Chin J Chem, 2023, 41(9): 1007-1014.

[63] PERMATASARI F A, FUKAZAWA H, OGI T, et al. Design of Pyrrolic-N-Rich Carbon Dots with Absorption in the First Near-Infrared Window for Photothermal Therapy[J]. ACS Appl Nano Mater, 2018, 1(5): 2368-2375.

[64] CUI M, REN S, XUE Q, et al. Carbon dots as new eco-friendly and effective corrosion inhibitor[J]. Journal of Alloys and Compounds, 2017, 726: 680-692.

[65] SARASWAT V, YADAV M. Improved corrosion resistant performance of mild steel under acid environment by novel carbon dots as green corrosion inhibitor[J]. Colloids and Surfaces A: Physicochemical and Engineering Aspects, 2021, 627: 127172.

[66] ZHANG Y, TAN B, ZHANG X, et al. Synthesized carbon dots with high N and S content as excellent corrosion inhibitors for copper in sulfuric acid solution[J]. Journal of Molecular Liquids, 2021, 338: 116702.

[67] CEN H, ZHANG X, ZHAO L, et al. Carbon dots as effective corrosion inhibitor for 5052 aluminium alloy in 0. 1 M HCl solution[J]. Corrosion

Science, 2019, 161: 108197.

［68］LONG W-J, LI X-Q, YU Y, et al. Green synthesis of biomass-derived carbon dots as an efficient corrosion inhibitor[J]. Journal of Molecular Liquids, 2022, 360: 119522.

［69］LIU Z, YE Y W, CHEN H. Corrosion inhibition behavior and mechanism of N-doped carbon dots for metal in acid environment[J]. Journal of Cleaner Production, 2020, 270: 122458.

［70］CUI M, REN S, ZHAO H, et al. Novel nitrogen doped carbon dots for corrosion inhibition of carbon steel in 1 M HCl solution[J]. Applied Surface Science, 2018, 443: 145-156.

［71］ZHU M, HE Z, GUO L, et al. Corrosion inhibition of eco-friendly nitrogen-doped carbon dots for carbon steel in acidic media: Performance and mechanism investigation[J]. Journal of Molecular Liquids, 2021, 342: 117583.

［72］PAN L, LI G, WANG Z, et al. Carbon Dots as Environment-Friendly and Efficient Corrosion Inhibitors for Q235 Steel in 1 M HCl[J]. Langmuir, 2021, 37(49): 14336-14344.

［73］ZHANG Y, ZHANG S, TAN B, et al. Solvothermal synthesis of functionalized carbon dots from amino acid as an eco-friendly corrosion inhibitor for copper in sulfuric acid solution[J]. Journal of Colloid and Interface Science, 2021, 604: 1-14.

［74］REN S, CUI M, CHEN X, et al. Comparative study on corrosion inhibition of N doped and N, S codoped carbon dots for carbon steel in strong acidic solution[J]. Journal of Colloid and Interface Science, 2022, 628: 384-397.

［75］YE Y, YANG D, CHEN H, et al. A high-efficiency corrosion inhibitor of N-doped citric acid-based carbon dots for mild steel in hydrochloric acid environment[J]. Journal of Hazardous Materials, 2020, 381: 121019.

［76］ YE Y, ZOU Y, JIANG Z, et al. An effective corrosion inhibitor of N doped carbon dots for Q235 steel in 1 M HCl solution[J]. Journal of Alloys and Compounds, 2020, 815: 152338.

［77］ YE Y, ZHANG D, ZOU Y, et al. A feasible method to improve the protection ability of metal by functionalized carbon dots as environment-friendly corrosion inhibitor[J]. Journal of Cleaner Production, 2020, 264: 121682.

［78］ WANG T, CAO S, SUN Y, et al. Ionic liquid-assisted preparation of N, S-rich carbon dots as efficient corrosion inhibitors[J]. Journal of Molecular Liquids, 2022, 356: 118943.

［79］ GUO L, ZHU M, HE Z, et al. One-Pot Hydrothermal Synthesized Nitrogen and Sulfur Codoped Carbon Dots for Acid Corrosion Inhibition of Q235 Steel[J]. Langmuir, 2022, 38(13): 3984-3992.

［80］ PADHAN S, ROUT T K, NAIR U G. N-doped and Cu, N-doped carbon dots as corrosion inhibitor for mild steel corrosion in acid medium[J]. Colloids and Surfaces A: Physicochemical and Engineering Aspects, 2022, 653: 129905.

［81］ SARASWAT V, KUMARI R, YADAV M. Novel carbon dots as efficient green corrosion inhibitor for mild steel in HCl solution: Electrochemical, gravimetric and XPS studies[J]. Journal of Physics and Chemistry of Solids, 2022, 160: 110341.

［82］ LIU Z, CHU Q, CHEN H, et al. Experimental and molecular simulation studies of N, S-doped Carbon dots as an eco-friendly corrosion inhibitor for protecting Cu in HCl environment[J]. Colloids and Surfaces A: Physicochemical and Engineering Aspects, 2023, 669: 131504.

［83］ LUO J, CHENG X, ZHONG C, et al. Effect of reaction parameters on the corrosion inhibition behavior of N-doped carbon dots for metal in 1 M HCl solution[J]. Journal of Molecular Liquids, 2021, 338: 116783.

［84］ SARASWAT V, SARKAR T K, YADAV M. Evaluation on corrosion mitigation capabilities of nitrogen doped carbon dots as corrosion inhibitors for mild steel in descaling solution[J]. Materials Chemistry and Physics, 2024, 313: 128678.

［85］ WU X, LI J, DENG C, et al. Novel carbon dots as effective corrosion inhibitor for N80 steel in 1 M HCl and CO2-saturated 3.5 wt%NaCl solutions[J]. Journal of Molecular Structure, 2022, 1250: 131897.

［86］ XU J, HE Z, XIONG L, et al. Enhanced Corrosion Inhibition of Q235 Steel by N, S Co-Doped Carbon Dots: A Sustainable Approach for Industrial Pickling Corrosion Inhibitors[J]. Langmuir, 2024, 40(16): 8352-64.

［87］ YANG Y, LU R, CHEN W, et al. Amphiphilic carbon dots as high-efficiency corrosion inhibitor for N80 steel in HCl solution: Performance and mechanism investigation[J]. Colloids and Surfaces A: Physicochemical and Engineering Aspects, 2022, 649: 129457.

［88］ QIANG Y, ZHANG S, ZHAO H, et al. Enhanced anticorrosion performance of copper by novel N-doped carbon dots[J]. Corrosion Science, 2019, 161: 108193.

［89］ ZENG Y, KANG L, WU Y, et al. Melamine modified carbon dots as high effective corrosion inhibitor for Q235 carbon steel in neutral 3.5 wt% NaCl solution[J]. Journal of Molecular Liquids, 2022, 349: 118108.

［90］ YANG D, YE Y, SU Y, et al. Functionalization of citric acid-based carbon dots by imidazole toward novel green corrosion inhibitor for carbon steel[J]. Journal of Cleaner Production, 2019, 229: 180-192.

［91］ YE Y, JIANG Z, ZOU Y, et al. Evaluation of the inhibition behavior of carbon dots on carbon steel in HCl and NaCl solutions[J]. Journal of Materials Science & Technology, 2020, 43: 144-153.

［92］CEN H, CHEN Z, GUO X. N, S co-doped carbon dots as effective corrosion inhibitor for carbon steel in CO2-saturated 3.5% NaCl solution[J]. Journal of the Taiwan Institute of Chemical Engineers, 2019, 99: 224-238.

第 2 章　碳点缓蚀剂的表征与测试研究方法

2.1　碳点缓蚀剂的表征方法

2.1.1　碳点形貌和结构的表征

（1）透射电子显微镜（Transmission Electron Microscopy，TEM）

透射电子显微镜在碳点形貌和结构表征中发挥着至关重要的作用。TEM 能够提供高分辨率的图像，使研究人员能够详细观察碳点的尺寸、形状和分散情况。此外，通过高分辨率的 TEM 成像，可以揭示碳点的晶体结构，如图 2-1 所示。该图（a）显示碳点分布均匀，表明碳点在溶液中具有良好的分散性。通过对该图中碳点尺寸的统计，可以得到碳点尺寸的平均值和正态分布规律如图 2-1（b）所示。另外，图 2-1（a）中的高分辨表征结果可以获得碳点的晶体结构信息。

（2）原子力显微镜（Atomic Force Microscopy，AFM）

利用微小探针与样品表面的相互作用力实现高分辨率的表面成像。在探针扫描样品表面时，微小的力会影响探针的位置，通过检测这些位置变化，AFM 能够还原出样品表面的拓扑结构，达到纳米级的成像分辨率，如图 2-2 所示。因此，它能够获取碳点的三维形貌信息。

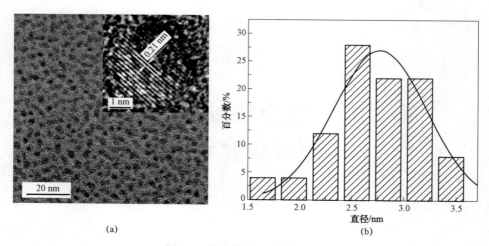

(a)

(b)

图 2-1　碳点的 TEM 表征结果

（a）N-CDs 的形貌的 TEM 表征结果及高分辨表征结果；（b）N-CDs 的尺寸分布

图 2-2　AFM 成像原理图

　　在对碳点进行原子力显微镜表征之前，需要将碳点溶液滴在表面平整的硅片上。通常，原子力显微镜具有轻敲模式和接触模式两种模式。由于碳点与硅片之间的结合力有限，因此推荐使用轻敲模式。这样一方面可以避免接触模式下由于压力过大而导致碳点位置的变化，另一方面也可以减少沾到针尖上碳点的数量，从而提高图像质量。图 2-3 所示为碳点的原子力显微镜表征结果，其中图 2-3（a）亮度对应于碳点的高度，高度越高，亮度越高。图 2-3（b）是对应图 2-3（a）中的高度分析，从该图中可以准确得到碳点的高度信息。

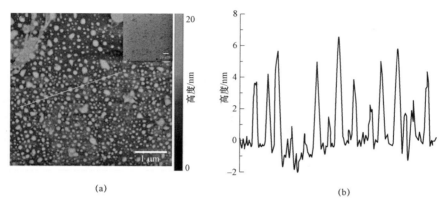

（a）　　　　　　　　　　　　　　　　　（b）

图 2-3　碳点的原子力显微镜表征结果[1]

（a）碳点的原子力显微镜照片（插图为透射电镜照片）；（b）碳点高度分析结果

综上可以看出，在碳点形貌表征方面，透射电子显微镜虽然能够获得碳点的横向尺寸，但是无法获得碳点的高度信息。但是，反过来，透射电子显微镜可以获得碳点的结构信息，这个能力是原子力显微镜所不具备的。二者相辅相成，能够帮助研究者获得更全面的碳点形貌和结构的信息。

（3）拉曼光谱

它基于拉曼散射效应，即当光线与样品相互作用并散射时，所产生的频率偏移可提供关于样品分子的结构和化学环境的信息。拉曼光谱通过测量样品散射的光谱来分析这种频率偏移，从而揭示样品的分子振动模式和化学成分。通过与标准样品或数据库进行比对，可以确定样品的化学组成、结构和相。

对于具有类似于石墨六角碳网结构的碳点材料，其内部晶格振动呈现拉曼活性，对应的拉曼光谱波数通常位于约 1 580 cm^{-1} 附近，被称为 G 线或 G 带。这一峰反映了碳原子的 sp^2 键结构。对于大多数碳点，往往在约 1 350 cm^{-1} 附近还会出现一条额外的峰，称为 D 带。D 带对应于碳点中六角碳网状结构中的 sp^3 键结构，可看作石墨结构中的缺陷。常见的碳点拉曼结

37

果如图 2-4 所示。D 带和 G 带的强度比值（I_D/I_G）常被用来评估碳点的晶化度和晶格缺陷程度，较高的比值通常表示存在较多的晶格缺陷。

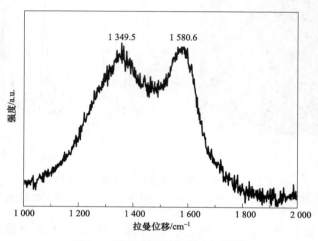

图 2-4　碳点的拉曼光谱表征结果

2.1.2　碳点成分和官能团的表征

（1）X 射线光电子能谱（X-ray photoelectron spectroscopy，XPS）

X 射线光电子能谱可以确定样品表面的化学成分，包括元素的种类和含量。通过测量光电子峰的能量和强度，可以识别样品中存在的各种元素，并确定它们的相对含量。图 2-5 所示为氮掺杂碳点的 X 射线光电子能谱表征结果，该结果中除了 C 和 O 的 1s 峰外，还有 N 的 1s 峰。该结果表明 N 成功掺到了碳点上。通过对该谱图中 C、N、O 元素峰面积的积分，能够得到各元素的相对含量，这是一种半定量的分析结果。图 2-5 中 C、O、N 的相对原子含量为：67.76%、29.33% 和 2.91%。

此外，XPS 可以提供元素的化学状态信息，化学键类型和元素价态。这需要对 XPS 的精细光谱进行进一步的分峰处理，如图 2-6 所示。该图中分别是对 C1s、O1s 和 N1s 峰进行分峰处理后的结果，从该图中可以获得氮掺杂碳点中各元素的成键种类。

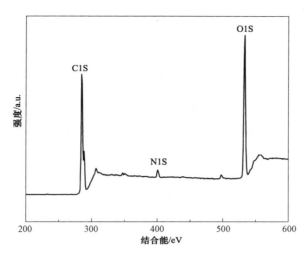

图 2-5　氮掺杂碳点的 X 射线光电子能谱表征结果

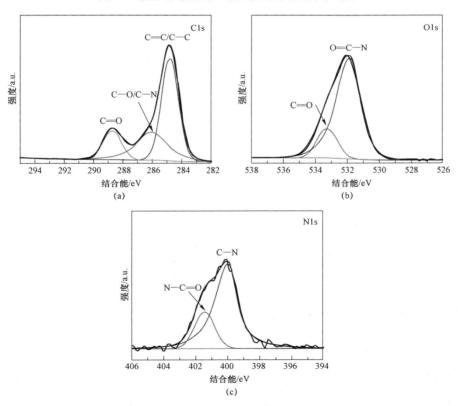

图 2-6　X 射线光电子能谱的精细谱分析

（a）C1s；（b）O1s；（c）N1s

（2）红外光谱

红外光谱是一种分析化学物质结构的技术，其基本原理是利用物质分子的振动和转动引起的分子间和分子内的电偶极矩变化来分析样品。当物质受到红外辐射时，分子内的化学键会吸收特定频率的红外光，导致分子中原子核之间的相对运动产生不同振动模式的转变。这些振动模式所对应的频率和强度通过检测样品吸收的红外光谱，提供了关于化学键类型、官能团和分子结构的信息，从而实现对样品的定性和定量分析。图 2-7 为氮掺杂碳点的红外光谱表征结果，图中在 3 423 cm^{-1}、3 188 cm^{-1}、1 706 cm^{-1}、1 207 cm^{-1}、1 589 cm^{-1} 处的伸缩振动峰分别对应于 O—H、N—H、C—O、C—OH 和 C = N 的伸缩振动峰，1 416 cm^{-1} 处的峰值为 O—H 的弯曲振动，在 2 927 cm^{-1} 和 2 850 cm^{-1} 处的峰值对应 C—H 的伸缩振动峰。

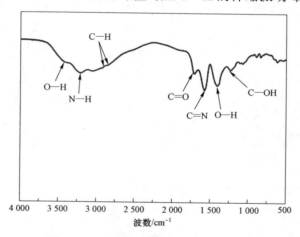

图 2-7　氮掺杂碳点的红外光谱表征结果

2.1.3　碳点表面电荷量表征

碳点的表面电荷是其在溶液中稳定分散的重要因素之一。Zeta 电位测试可以提供关于碳点表面电荷的信息，包括电位大小和电荷类型（正电荷或负电荷），从而评估碳点的分散性和稳定性。碳点的 Zeta 除了受自身官能团种类和数量的影响外，还受溶液条件的影响，如 pH、离子强度、溶剂类型等。

Zhao[2]等人测试了三种碳点在去水溶液中的 Zeta 电位，如图 2-8 所示。可以看出，不同浓度的碳点的 Zeta 电位为负，这是由于碳点表面有丰富的羟基和羧基。一般情况下，Zeta 电位绝对值越小，色散体系的稳定性越差。随着碳点缓蚀剂浓度的增加，Zeta 电位的绝对值呈上升趋势，表明碳点的分散性得到改善。在 3 种碳点缓蚀剂中，CDs2 抑制剂的 Zeta 电位绝对值最高，分散性最好。Zhao 等人认为，金属在阳极溶解过程中会在钢基体表面产生较高的正电荷。在这种情况下，缓蚀剂可以通过静电吸附的方式，吸附在阳极活性物上形成吸附膜，从而在阻止氯离子等有害阴离子的侵袭。

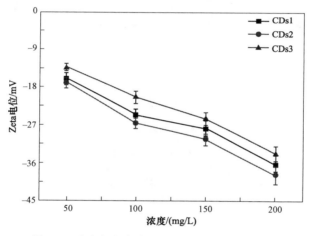

图 2-8 碳点在水溶液中的 Zeta 电位测试结果[2]

2.1.4 接触角测试

接触角测试可以评估碳点的表面亲疏水性，即表面与液体接触时形成的接触角大小。较小的接触角通常表示较好的润湿性和亲水性，而较大的接触角则表示较好的疏水性。Yadav[3]通过接触角测量验证了 N、S 共掺碳点缓蚀剂在碳钢表面形成保护层的有效性。测定方法是在碳钢表面滴入 4 μL 蒸馏水。图 2-9 为抛光表面、15%HCl 溶液浸泡后样品表面和缓蚀剂浸泡样品表面的接触角测量图像。抛光表面（图 2-9a）的接触角为 67.5°，在盐酸溶液中浸泡后，接触角降至 36.2°（图 2-9b）。用缓蚀剂浸泡后的样品（图 2-9c）接触角增加到 75.0°。湿性的降低和疏水接触角的增强表明合成的 N、S 共掺碳点在碳钢表面的吸附，并证明了其疏水性。

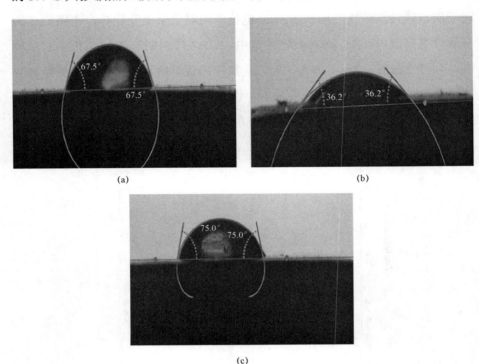

图 2-9　碳钢表面接触角测试[3]

（a）抛光表面；（b）在 15%HCl 溶液中浸泡后表面；（c）在缓蚀剂溶液中浸泡后表面

2.2　碳点缓蚀剂缓蚀行为的测试研究方法

2.2.1　碳点缓蚀性能的测试方法

（1）失重法

失重法是评价缓蚀剂缓蚀性能最基本，且可信度最高的方法之一。首先根据腐蚀前后的质量减少来分别计算出含缓蚀剂和不含缓蚀剂的腐蚀环境中金属的腐蚀速率，分别记为 v 和 v_0。失重法计算金属腐蚀速率（v_w）的方法可以按照式 2-1 进行：

$$v_w = \frac{W - W_0}{S \cdot t} \tag{2-1}$$

式中，v_w 为腐蚀速率，W_0 和 W 分别为腐蚀前后金属的质量；S 为试样表面积，t 为腐蚀时间。因此，由失重法测得的缓蚀效率（η_w）可通过以下公式 2-2 进行计算：

$$\eta_w = \frac{v_0 - v}{v_0} \times 100\% \tag{2-2}$$

（2）电流法

动电位扫描技术可以测得金属腐蚀过程中的极化曲线，并通过对该曲线上阴、阳极 Tafel 区的外延的交点，得到其自腐蚀电流密度 i_{corr}，如图 2-10 所示。

因此，根据含缓蚀剂和不含缓蚀剂的腐蚀环境中金属腐蚀的自腐蚀电流密度，分别记为 i_{corr} 和 i_{corr0}，可计算获得缓蚀剂的缓蚀效率，如式 2-3 所示：

$$\eta_w = \frac{i_{corr0} - i_{corr}}{i_{corr0}} \times 100\% \tag{2-3}$$

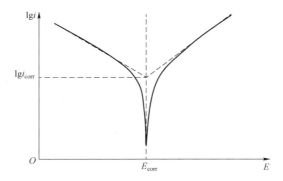

图 2-10　由阴、阳极 Tafel 直线外推法求腐蚀速率

电流法不仅可以用来计算缓蚀剂的缓蚀效率，还可以用来分析缓蚀剂在金属表面作用的电化学机理。例如，图 2-11 为碳钢在含有不同浓度碳点的盐酸溶液中的极化曲线。从该图中，我们可以看出，加入碳点缓蚀剂后，碳钢的开路电位向负方向移动，这表明碳点缓蚀剂为典型的阴极型缓蚀剂，其主要通过抑制碳钢表面氢离子还原过程来抑制碳钢的腐蚀。

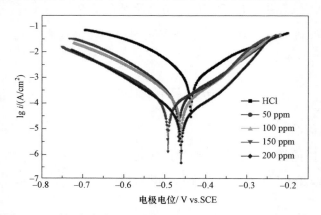

图 2-11　碳钢在含有不同浓度碳点的盐酸溶液中的极化曲线

（3）电化学阻抗谱在缓蚀剂研究中的应用[4]

电化学阻抗谱（Electrochemical Impedance Spectroscopy，EIS）可以提供关于缓蚀剂对金属腐蚀过程的影响的详细信息。通过在缓蚀剂溶液中浸泡金属电极并测量其阻抗响应，可以评估缓蚀剂对金属腐蚀速率的抑制程度。通常需要对阻抗谱进行等效电路图拟合，得到反应极化电阻 R_p，如图 2-12 所示，该图中（a）为碳钢在含有不同浓度碳点的盐酸溶液中的交流阻抗结果，（b）为对应的拟合电路图，图中 R_p 为腐蚀过程中的极化电阻。

因此，根据含缓蚀剂和不含缓蚀剂的腐蚀环境中金属腐蚀的极化电阻，分别记为 R_p 和 R_{p0}，可计算获得缓蚀剂的缓蚀效率，如式 2-4 所示：

$$\eta_R = \frac{R_{p0} - R_p}{R_{p0}} \times 100\% \tag{2-4}$$

这里值得注意的是，失重法、电流法和交流阻抗法虽然都能计算获得碳点的缓蚀效率。但是，失重法测得的是一段时间内碳点缓蚀效率的平均值，而电流法和阻抗法测得的是测试期间，碳点缓蚀剂当前的缓蚀效率。由于碳点通常需要一段时间才能在金属表面达到最大吸附面积，因此其缓蚀效率在添加后的最初一段时间内是缓慢上升的。因此，失重法测得的缓蚀效率一般要小于电流法和交流阻抗法的测试结果。

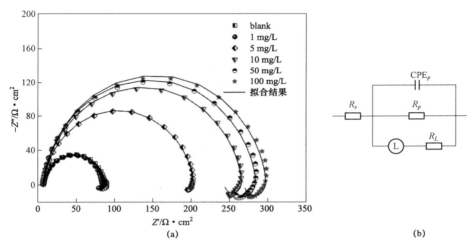

图 2-12　碳钢在含有不同浓度碳点的盐酸中的交流阻抗结果和拟合电路[5]
（a）交流阻抗测试结果；（b）拟合电路

2.2.2　碳点吸附行为的研究方法

（1）荧光显微镜（inverted fluorescence microscope，FM）

由于碳点具有光致发光性能，当其与荧光显微镜的激发光相互作用时，可以在显微镜下清晰地观察到碳点的荧光信号，从而直观了解在其表面的分布情况和覆盖程度。通过观察荧光信号的强度和空间分布，可以确定碳点是否均匀地覆盖在表面上，以及吸附的位置是否集中或分散。通过测量荧光信号的强度，可以比较出碳点不同时段在金属表面的吸附量，如图 2-13 所示。

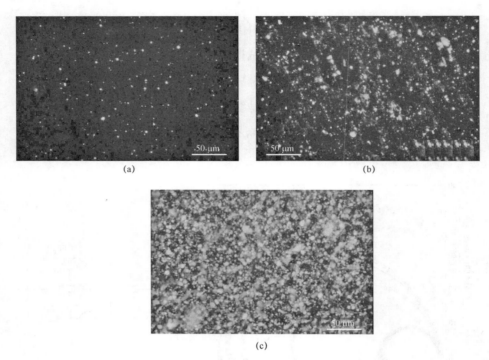

图 2-13　荧光显微镜下碳钢在含有碳点的溶液中浸泡不同
时间后表面荧光显微镜表征结果[6]
（a）10 min；（b）1 h；（c）12 h

（2）X 射线光电子能谱

X 射线光电子能谱除了能够确定碳点的化学元素种类、含量、各种化学键的种类和结合形式外。还可以确定碳点缓蚀剂在碳钢表面的化学状态，例如有机分子的官能团、氧化态以及与金属表面的相互作用方式。Zhang[7] 等人通过纯铜在含氮掺杂碳点的硫酸溶液中浸泡后的表面进行 X 射线光电子能谱表征，结果显示，铜表面出现了 Cu:N 键配位键，这证明了氮掺杂碳点在纯铜表面的化学吸附行为。

2.2.3　碳点缓蚀机理研究方法

（1）吸附等温曲线

缓蚀剂在金属表面的吸附是由金属上的残余电荷和缓蚀剂的化学结构

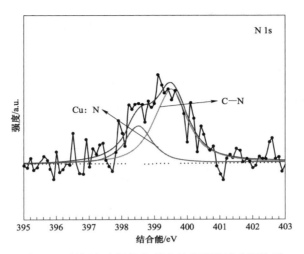

图 2-14　纯铜在含氮掺杂碳点的硫酸溶液中浸泡后
表面的 X 射线光电子能谱表征结果[7]

决定的。碳点缓蚀剂在金属表面的两种吸附类型是物理或静电吸附和化学吸附。缓蚀剂添加越多，则金属的腐蚀速率越低，即其缓蚀效率越高。Langmuir 描述了在物理吸附和化学吸附过程中吸附量与溶液中缓蚀剂浓度之间的关系。根据 Langmuir 吸附规律，当缓蚀剂浓度增加时，吸附量也会增加，但吸附量增加的速率会逐渐减小，直至达到饱和状态。在饱和状态下，继续增加缓蚀剂浓度不会再增加吸附量，吸附层已经完全覆盖了金属表面。对于缓蚀剂，当其在金属表面吸附覆盖的分数 θ 与溶液中被吸附物质碳点缓蚀剂的浓度 C_{inh}（单位为 g/L）存在以下关系，如式 2-5 所示：

$$\frac{\theta}{1-\theta} = K_{\text{ads}} \times C_{\text{inh}} \tag{2-5}$$

则表明缓蚀剂在金属表面的吸附满足 Langmuir 等温吸附。式中，K_{ads} 为吸附平衡常数。通过分别以 $\dfrac{C_{\text{inh}}}{\theta}$ 和 C_{inh} 作图，观察拟合度 R^2 与 1 的接近程度，可以判断碳点的吸附类型是否满足 Langmuir 等温吸附。另外，还可以根据式 2-6 计算碳点的吸附自由能 ΔG_{ads}^0：

$$\Delta G_{\text{ads}}^0 = -RT \ln \left(C_{\text{H}_2\text{O}} K_{\text{ads}} \right) \tag{2-6}$$

式中，R 是气体常数，T 是绝对温度，C_{H_2O} 是水的浓度，Cui[1]等人认为由于缓蚀剂浓度 C_{inh} 的单位为 g/L，故，与 55 mol/L 相比，这里水的浓度取 1 000 g/L 更合适。当 ΔG_{ads}^0 的计算值比 – 20 kJ/mol 更正时，表明缓蚀剂以物理吸附的形式吸附在金属表面；当 ΔG_{ads}^0 的计算值比 – 40 kJ/mol 更负时，表明缓蚀剂在金属表面以化学吸附为吸附形式；当 ΔG_{ads}^0 的计算值介于 – 20 kJ/mol 和 – 40 kJ/mol 时，表明该缓蚀剂在金属表面既有物理吸附又有化学吸附。图 2-15 所示为 HCl 溶液中碳点缓蚀剂在碳钢表面吸附的等温吸附曲线。从图中可以看出，$R^2 = 0.999\ 7$，表明该碳点在碳钢表面的吸附满足 Langmuir 等温吸附规律。并且 ΔG_{ads}^0 计算结果为 – 26.94 kJ/mol，表明碳点在金属表面既有物理吸附，又有化学吸附。

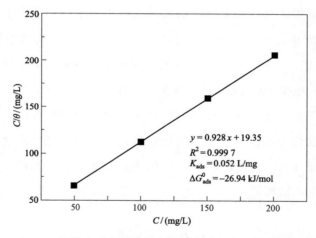

图 2-15　HCl 溶液中碳点缓蚀剂在碳钢表面吸附的等温吸附曲线[8]

除了 Langmuir 吸附外，Temkin、Freundlich、El-Awady 和 Flory-Huggins 四种等温吸附也常用来描述缓蚀剂在金属表面的吸附行为，其线性方程如表 2-1 所示。但是，目前研究显示，碳点在金属表面的吸附为 Langmuir 等温吸附。

表 2-1　等温吸附方程

等温吸附方程	线性方程
Langmuir	$\dfrac{C_{\text{inh}}}{\theta} = C_{\text{inh}} + \dfrac{1}{K_{\text{ads}}}$
Temkin	$\ln C_{\text{inh}} = \alpha\theta + \ln K_{\text{ads}}$
Freundlich	$\lg \theta = n \lg C_{\text{inh}} + \lg K_{\text{ads}}$
El-Awady	$\lg \dfrac{\theta}{1-\theta} = y \lg C_{\text{inh}} + \lg K'$
Flory-Huggins	$\lg \dfrac{\theta}{C_{\text{inh}}} = x \lg (1-\theta) + \lg (xK_{\text{ads}})$

（2）计算模拟

实验方法只能展示抑制剂在金属表面的吸附特性，难以确定抑制剂分子中哪个部分与金属表面的相互作用更为关键。因此，分子模拟和金属表面模拟对于理解腐蚀过程中原子级相互作用至关重要。

为了更深入地理解腐蚀抑制机制在分子和原子尺度上的作用，研究者们进行了相应的计算机模拟研究。在这方面，基于量子化学的计算密度泛函理论（Density functional theory，DFT）近年来得到了广泛应用。类似地，分子动力学（molecular dynamic，MD）模拟和蒙特卡罗（Monte Carle，MC）模拟也被广泛采用以进行基于分子级的分析。利用 DFT 方法，我们可以计算出前沿分子轨道（frontier molecular orbitals，FMOs）、最高已占据分子轨道（HOMO）和最低未占据分子轨道（LUMO），同时还可以通过量化计算得到其他重要的全局参数如能隙（ΔE）、电负性（χ）、硬度（η）和转移电子数（ΔN），其相关表达式如下所示：

$$\Delta E = E_{\text{LUMO}} - E_{\text{HOMO}} \tag{2-7}$$

$$\chi = 1/2 \left(-E_{\text{HOMO}} - E_{\text{LUMO}} \right) \tag{2-8}$$

$$\eta = 1/2 \left(-E_{\text{HOMO}} + E_{\text{LUMO}} \right) \tag{2-9}$$

$$\Delta N = \left(\phi_{\text{F}\theta} - \chi_{\text{in}\delta} \right) / 2 \left(\eta_{\text{F}\theta} + \eta_{\text{in}\delta} \right) \tag{2-10}$$

式 2-10 中 $\phi_{\text{F}\theta}$ 取 4.82 eV，$\eta_{\text{F}\theta}$ 取 0 eV。一般能隙越小代表缓蚀剂的吸附活性越大，而 ΔN 则代表单个碳点能够转移的电子数，一般 ΔN 值越大表明碳点

的吸附能力越高。计算模拟不仅提供了具体的数值,还能提供 HOMO 和 LUMO 分布的位置。如图 2-16 所示,该氮掺杂碳点的 LUMO 和 HOMO 分别为 − 0.084 3 eV 和 − 0.146 2 eV,并且还可看出 LUMO 和 HOMO 分布的位置。

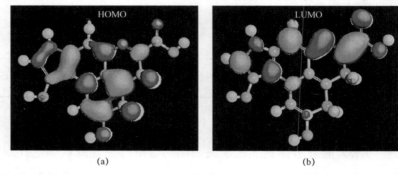

图 2-16　氮掺杂碳点表面 HOMO-LUMO 分布[8]

相比对于 DFT 计算,MD 关注的对象较为宏观,它能够从分子层面上显示碳点在金属表面的吸附构型,并且能够计算碳点与金属表面之间的吸附能。如图 2-17 所示,碳点能够以平行取向牢固地吸附在碳钢表面,并且可以将金属和腐蚀介质隔开,经计算得知,该碳点与碳钢之间的吸附能为 188.47 kJ·mol^{-1}。

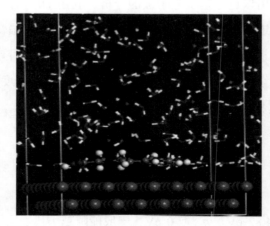

图 2-17　氮掺杂碳点在碳钢表面的 MD 计算结果[8]

参考文献

［1］ CUI M, REN S, ZHAO H, et al. Novel nitrogen doped carbon dots for corrosion inhibition of carbon steel in 1 M HCl solution[J]. Applied Surface Science, 2018, 443: 145-56.

［2］ YE Y, YANG D, CHEN H, et al. A high-efficiency corrosion inhibitor of N-doped citric acid-based carbon dots for mild steel in hydrochloric acid environment[J]. Journal of Hazardous Materials, 2020, 381: 121019.

［3］ SARASWAT V, YADAV M. Improved corrosion resistant performance of mild steel under acid environment by novel carbon dots as green corrosion inhibitor[J]. Colloids and Surfaces A: Physicochemical and Engineering Aspects, 2021, 627: 127172.

［4］ 曹楚南，张鉴清. 电化学阻抗谱导论［M］. 北京：科学出版社，2002.

［5］ CUI M, REN S, XUE Q, et al. Carbon dots as new eco-friendly and effective corrosion inhibitor[J]. Journal of Alloys and Compounds, 2017, 726: 680-692.

［6］ CEN H, ZHANG X, ZHAO L, et al. Carbon dots as effective corrosion inhibitor for 5052 aluminium alloy in 0.1 M HCl solution[J]. Corrosion Science, 2019, 161: 108197.

［7］ ZHANG Y, ZHANG S, TAN B, et al. Solvothermal synthesis of functionalized carbon dots from amino acid as an eco-friendly corrosion inhibitor for copper in sulfuric acid solution[J]. Journal of Colloid and Interface Science, 2021, 604: 1-14.

［8］ LIU Z, YE Y W, CHEN H. Corrosion inhibition behavior and mechanism of N-doped carbon dots for metal in acid environment[J]. Journal of Cleaner Production, 2020, 270: 122458.

第3章 柠檬酸基氮掺杂碳点的制备及其缓蚀行为

3.1 柠檬酸基氮掺杂碳点的制备

柠檬酸基氮掺杂碳点（NCDs）的制备方法如图 3-1 所示。首先，将 0.84 g 柠檬酸和 1.1 mL 乙二胺溶解于 20 mL 去离子水中，得到无色透明溶液。然后将该溶液转移到 50 mL 的 Teflon 衬里的高压釜中，在 200 ℃下加热 5 h。反应结束后，待反应釜冷却至室温，取出溶液。反应后的溶液在自然光下颜色呈淡黄色，在波长为 365 nm 紫外光照射下发出蓝光。制备出的碳点溶液需要用透析袋（截留分子量为 1 000 Da）纯化 3 天，以分离溶液中未反应完全的小分子杂质。每 3 h 更换一次去离子水。最后将纯化后的产物在 60 ℃真空烘箱中干燥 24 h，得到深褐色的柠檬酸基氮掺杂碳点粉末。

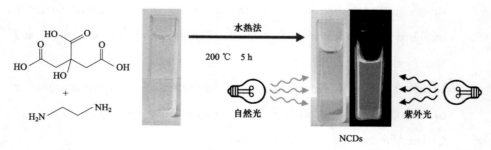

图 3-1 柠檬酸基氮掺杂碳点的制备方法

3.2　柠檬酸基氮掺杂碳点的形貌、结构和成分

3.2.1　碳点的形貌及结构

透射电子显微镜（TEM）能够对柠檬酸基氮掺杂碳点的微观形貌进行表征，结果如图 3-2 所示。在 TEM 图像中可以观察到许多分散良好、尺寸从 2.1 到 4.6 nm 不等的近似圆形的纳米颗粒，如图 3-2（a）所示，这表明它们在蒸馏水中具有良好的分散性。此外，在图 3-2（a）中还可见到晶格条纹，其间距为 0.21 nm，对应于石墨碳的（100）晶面。NCDs 的平均横向尺寸约为 3.5 nm，如图 3-2（b）所示。

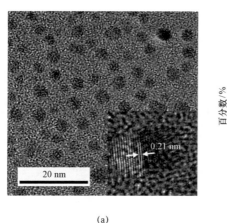

(a)

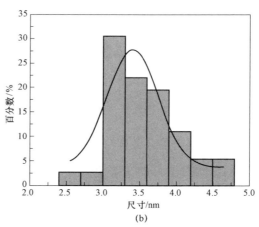

(b)

图 3-2　柠檬酸基氮掺杂碳点的形貌、结构和尺寸分布
（a）透射电镜下碳点的形貌和高分辨照片；（b）碳点尺寸分布统计图

3.2.2　柠檬酸基氮掺杂碳点的成分

柠檬酸基氮掺杂碳点的红外光谱如图 3-3 所示。3 427 cm^{-1}、1 650 cm^{-1}、1 568 cm^{-1} 和 1 050 cm^{-1} 处的峰分别对应于 C—OH、C=N、N—H 和环氧

基团。2 923 cm^{-1} 和 2 850 cm^{-1} 处的峰值对应着 C—H 键的伸缩振动，而 1 388 cm^{-1} 处的峰值则代表了 C—H 键的弯曲振动[1,2]。其中，C—OH 键的存在表明柠檬酸基氮掺杂碳点中可能存在羟基和羧基；N—H 键的存在可能意味着碳点中至少存在伯 N 和仲 N 中的一种，如—NH$_2$（伯 N）和类吡咯 N 或类吡啶 N（仲 N）。C═N 键的存在表明碳点中至少存在着类吡咯 N、类吡啶 N 和季铵 N 中的一种。

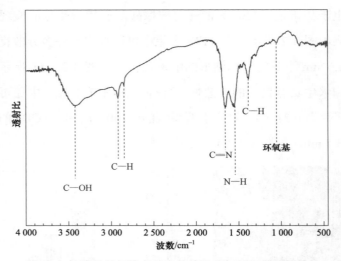

图 3-3　柠檬酸基氮掺杂碳点的傅里叶红外光谱测试结果

　　为了进一步分析柠檬酸基氮掺杂碳点的全 XPS 光谱如图 3-4 所示，其中 C、N、O 的相对含量在图 3-4（a）中插入的表格中列出。柠檬酸基氮掺杂碳点中 C、N、O 元素的相对原子百分含量分别为 59.95%、17.94% 和 22.11%。该柠檬酸基氮掺杂碳点中 N 和 O 的总含量高于以往报道的其他氮掺杂碳点[1,3~5]。杂原子 N 和 O 由于其孤对电子，可以很容易地填充 Fe 原子未占据的 3d 轨道，并在这些杂原子与碳钢表面之间形成配位键[6]。因此，高的 N 和 O 总含量可能会提高柠檬酸基氮掺杂碳点的吸附能力。图 3-4（b）至（d）分别为柠檬酸基氮掺杂碳点的 C1s、O1s 和 N1s 光谱。图 3-4（b）中 C1s 轨道 284.4 eV、285.7 eV、287.3 eV 和 288.3 eV 的峰值分别对应于 C—C、C—O、C═O 和 O═C—O[7]。图 3-4（c）中 O1s 轨道在 530.3 eV 和

531.9 eV 处的峰值分别对应"O═C—N"和"O═C—O"[8]。图 3-4（d）
中的 N1s 轨道光谱包括吡啶 N、胺 N、吡啶 N 和季铵盐 N，它们的峰分别
位于 398.5 eV、399.7 eV、400.2 eV 和 401.3 eV[9]。

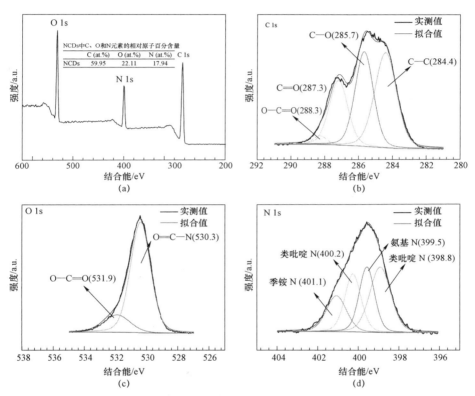

图 3-4　柠檬酸基氮掺杂碳点的 X 射线光电子能谱的测试结果
（a）总谱图；（b）C1s 精细谱图；（c）O 1s 精细谱图；（d）N 1s 精细谱图

3.3　柠檬酸基氮掺杂碳点的缓蚀性能

3.3.1　失重法测量柠檬酸基氮掺杂碳点的缓蚀性能

失重法是可信度较高的一种评价缓蚀剂缓蚀性能的方法。为了明确碳

点缓蚀剂浓度对其缓蚀效率的影响，可以通过比较 Q235 碳钢在含有不同浓度柠檬酸基氮掺杂碳点的 1 mol/L HCl 中的腐蚀速率。例如，图 3-5 所示为 Q235 碳钢在含不同浓度（2 mg/L、5 mg/L、10 mg/L 和 20 mg/L）柠檬酸基氮掺杂碳点的 1 mol/L HCl 中浸泡 36 h 后的腐蚀速率以及相应的碳点缓蚀效率。从该图可以明确看出，随着柠檬酸基氮掺杂碳点浓度的增加，Q235 碳钢的腐蚀速率显著降低。相应的，柠檬酸基氮掺杂碳点的缓蚀效率增强。这种现象与柠檬酸基氮掺杂碳点在 Q235 碳钢基体表面的覆盖面积增加有关。

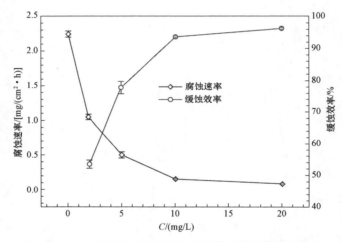

图 3-5　Q235 碳钢在含有不同浓度柠檬酸基氮掺杂碳点的
1 mol/L HCl 溶液中的腐蚀速率及相应的碳点的缓蚀效率

　　为了明确该碳点缓蚀剂的稳定性，比较了 Q235 碳钢分别在 1 mol/L 的 HCl 中和含有 20 mg/L 柠檬酸基氮掺杂碳点的 1 mol/L HCl 中浸泡 12 h 至 120 h 后的腐蚀速率（图 3-6（a）），并获得了柠檬酸基氮掺杂碳点相应的缓蚀效率（图 3-6（b））。结果显示，在含有 20 mg/L 柠檬酸基氮掺杂碳点的 1 mol/L HCl 中，Q235 碳钢的腐蚀速率比不含柠檬酸基氮掺杂碳点的盐酸低约 20 倍。图 3-6（为）20 mg/L 柠檬酸基氮掺杂碳点在不同浸泡时间下的缓蚀效率。结果显示，柠檬酸基氮掺杂碳点的缓蚀效率在浸泡后 120 h 内均能够达到 90% 以上的缓蚀效率，表明该缓蚀剂具有良好的稳定性，可满足长期使用的要求。

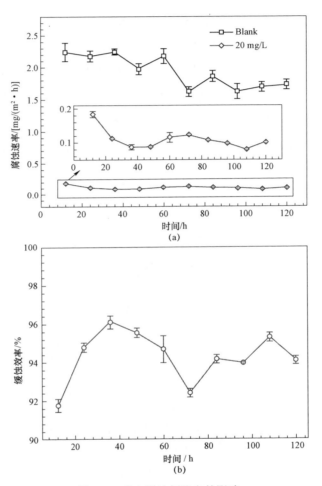

图 3-6　碳点缓蚀剂稳定的影响

（a）碳钢在盐酸和含有 20 mg/L 碳点的盐酸溶液中的腐蚀速率；（b）碳点的缓蚀效率随时间的变化

Q235 碳钢在含有不同浓度柠檬酸基氮掺杂碳点的 1 mol/L HCl 中浸泡 36 h 后的动电位极化曲线如图 3-7 所示。这些曲线的相关参数如表 3-1 所示，包括腐蚀电位（E_{corr}）、腐蚀电流密度（i_{corr}）、阳极 Tafel 斜率（b_a）和阴极 Tafel 斜率（b_c）。可见，加入柠檬酸基氮掺杂碳点后，Q235 碳钢在

1 mol/L HCl 中的 i_{corr} 急剧下降，说明柠檬酸基氮掺杂碳点显著降低了 Q235 碳钢的腐蚀速率。此外，i_{corr} 值随着柠檬酸基氮掺杂碳点浓度的升高而下降，这与图 3-5 所示的失重测量结果相对应。Q235 碳钢在不同柠檬酸基氮掺杂碳点浓度的 1 mol/L HCl 中的 b_a 和 b_c 值均大于 Q235 碳钢在空白 HCl 中的 b_a 和 b_c 值。这表明碳点对碳钢腐蚀过程中的阴极反应和阳极反应都具有抑制作用。但值得注意的是，与不含柠檬酸基氮掺杂碳点的盐酸中的 Q235 碳钢相比，其自腐蚀电位 E_{corr} 值均向负方向移动，并且阴极曲线侧电流下降得更明显，这说明柠檬酸基氮掺杂碳点能够更有效地抑制 Q235 碳钢腐蚀过程中阴极的氢离子还原反应。

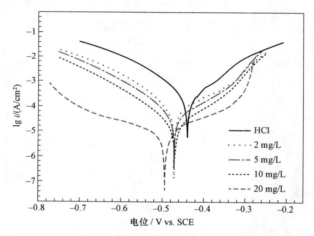

图 3-7　Q235 碳钢在含有不同浓度柠檬酸基氮掺杂碳点的
1 mol/L HCl 中的动电位扫描结果

表 3-1　动电位扫描曲线分析结果

C_{NCDs}/（mg/L）	E_{corr} vs.SCE/mV	i_{corr}/（μA/cm²）	b_a/（mV/dec）	b_c/（mV/dec）	η_i/%
0	−438.5	275.80	74.91	92.98	—
2	−471.3	92.38	95.81	127.70	66.41%
5	−471.3	57.66	99.40	105.12	79.09%
10	−470.4	22.91	96.67	96.67	91.69%
20	−493.1	8.22	233.51	168.66	97.02%

图 3-8（a）为 Q235 碳钢在含不同浓度柠檬酸基氮掺杂碳点的 1 mol/L HCl 中浸泡 36 h 后的 Nyquist 图，图 3-8（b）为 Q235 碳钢在含 20 mg/L 柠檬酸基氮掺杂碳点的 1 mol/L HCl 中浸泡不同时间后的 Nyquist 图。这两张图中的圆点表示实测值，对应的拟合值用实线表示。根据 LR_s（Q_f（R_f（$Q_{dl}R_{ct}$）））的电路对测试值进行拟合[10]，电路图如图 3-8（c）所示。电感 L 为测试电化学工作站的内部电感；等效电阻 R_s 为腐蚀介质的溶液电阻；恒相位角原件 Q_{dl} 为 Q235 碳钢腐蚀过程中碳钢和溶液界面上双电层电容；R_{ct} 为 Q235 碳钢电化学腐蚀过程中碳钢和溶液界面上的电子转移电阻，反映了 Q235 碳钢表面腐蚀反应的动力学难易程度；恒相位角元件 Q_f 和等效电阻 R_f 分别表示 Q235 碳钢表面柠檬酸基氮掺杂碳点吸附膜的电容和电阻。EIS 参数的拟合值如表 3-2 和表 3-3 所示（L、R_s、R_f、Q_f、n_1、R_{ct}、Q_{dl}、n_2、χ^2）。表 3-2 和表 3-3 中 χ^2 的值均小于 5.04×10^{-4}，说明拟合值与实测值拟合良好。

图 3-8（a）中的 Nyquist 图展示了柠檬酸基氮掺杂碳点浓度对 Q235 碳钢腐蚀过程的影响，相应的拟合结果见表 3-2。随着柠檬酸基氮掺杂碳点浓度增加，表 3-2 显示 R_f 和 R_{ct} 之和显著增加。这意味着柠檬酸基氮掺杂碳点膜对 Q235 碳钢基体具有抑制作用，其抑制作用一方面来自于碳点在碳钢表面吸附成膜后，碳点膜自身的电阻（R_f）以及对电荷转移过程产生覆盖效应而导致的反应电阻（R_{ct}）增加。

图 3-8（b）中的 Nyquist 图展示了柠檬酸基氮掺杂碳点缓蚀剂的稳定性，相应的拟合结果记录在表 3-3 中。表 3-3 显示，在前 36 h 内，R_f 和 R_{ct} 总和逐渐增加，并稍有波动；而重量测量结果显示 Q235 碳钢的腐蚀速率在前 36 h 内下降，然后略有波动。这说明柠檬酸基氮掺杂碳点需要一定时间才能达到最大覆盖面积，这与其颗粒尺寸大小[3]和所带电荷的多少相关。并且，在浸泡的 120 h 内，柠檬酸基氮掺杂碳点缓蚀剂的缓蚀性能在95%附近波动，表明碳点具有良好的稳定性。

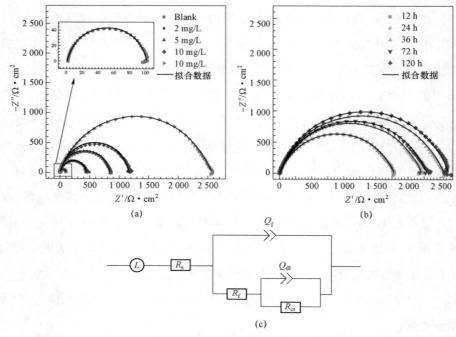

图 3-8　碳钢在含有柠檬酸基氮掺杂碳点中的交流阻抗测试结果
（a）碳点浓度的影响；（b）碳点的稳定性；（c）拟合电路

3.3.2　柠檬酸基氮掺杂碳点对碳钢腐蚀类型的影响

图 3-9 为碳钢在含有 20 mg/L 柠檬酸基氮掺杂碳点的 1 mol/L 盐酸溶液和不含碳点缓蚀剂的盐酸溶液中浸泡 12 h、36 h 和 120 h 后，表面的腐蚀形貌。可以观察到，在两种溶液中，Q235 碳钢均表现出全面腐蚀行为。随着在 1 mol/L HCl 中浸泡时间的增加［如图 3-9（a）、（c）、（e）所示］，Q235 碳钢表面腐蚀程度增加。同样地，在 1 mol/L 盐酸中添加 20 mg/L 柠檬酸基氮掺杂碳点时［如图 3-9（b）、（d）、（f）所示］，Q235 碳钢表面的腐蚀程度也随着浸泡时间的增加而延长。此外，在相同浸泡时间内，与未添加柠檬酸基氮掺杂碳点的盐酸中的 Q235 碳钢腐蚀后表面形貌相比，Q235 碳钢在添加柠檬酸基氮掺杂碳点的盐酸溶液中腐蚀形貌更光滑，这说明柠檬酸基氮掺杂碳点对 Q235 碳钢表面在盐酸中的全面腐蚀起到了良好的抑制作用。

表3-2 Q235碳钢在不同浓度柠檬酸基N掺杂碳点的1 mol/L HCl中浸泡36 h后的EIS拟合数据

浓度/(mg/L)	L/H	R_s/(Ω·cm²)	Q_{dl}/(F·cm⁻²)	n_1	R_{ct}/(Ω·cm²)	Q_f/(F·cm⁻²)	n_2	R_f/(Ω·cm²)	$R_p=(R_{ct}+R_f)$/(Ω·cm²)	χ^2	η_R/%
0	7.809×10^{-7}	1.768	5.704×10^{-4}	0.9080	99.1	—	—	—	99.1	5.04×10^{-4}	—
2	7.800×10^{-7}	1.744	1.247×10^{-4}	0.8966	436.3	3.733×10^{-2}	0.9462	22.39	458.7	9.02×10^{-5}	78.40%
5	1.501×10^{-6}	2.751	6.230×10^{-5}	0.9058	759.3	9.047×10^{-4}	0.7147	93.94	853.24	9.23×10^{-5}	88.39%
10	1.562×10^{-6}	2.646	4.576×10^{-5}	0.9084	796.1	4.552×10^{-5}	0.5959	393.0	1 189.1	8.26×10^{-5}	91.67%
20	7.143×10^{-7}	1.695	1.156×10^{-5}	0.9211	2 198	1.292×10^{-5}	0.6912	365.0	2 563.0	1.31×10^{-4}	96.14%

表3-3 Q235碳钢在含有20mg/L 柠檬酸基N 掺杂碳点的1 mol/L HCl中经过不同浸泡时间后的EIS测试数据

时间/h	L/H	R_s/(Ω·cm²)	Q_{dl}/(F·cm⁻²)	n_1	R_{ct}/(Ω·cm²)	Q_f/(F·cm⁻²)	n_2	R_f/(Ω·cm²)	$R_p=(R_{ct}+R_f)$/(Ω·cm²)	χ^2	η_R/%
12	8.865×10^{-7}	1.344	1.175×10^{-5}	0.9278	1 569	1.543×10^{-5}	0.6762	233.1	1 802.1	9.53×10^{-5}	94.61%
24	8.612×10^{-7}	1.599	1.106×10^{-5}	0.9178	1 886	1.073×10^{-5}	0.6830	330.4	2 216.4	1.01×10^{-4}	95.55%
36	7.143×10^{-7}	1.695	1.156×10^{-5}	0.9211	2 198	1.292×10^{-5}	0.6912	365.0	2 563.0	1.31×10^{-4}	96.14%
72	8.566×10^{-7}	1.294	1.182×10^{-5}	0.9225	1 992	1.198×10^{-5}	0.6848	310.9	2 302.9	1.51×10^{-4}	95.45%
120	8.483×10^{-7}	1.371	1.304×10^{-5}	0.9164	2 194	1.042×10^{-5}	0.7028	444.2	2 638.2	1.01×10^{-4}	96.25%

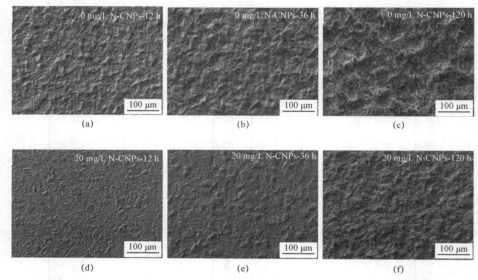

图 3-9　碳钢在盐酸溶液和含有碳点缓蚀剂的盐酸溶液中浸泡不同时间后的表面形貌
（a）盐酸中 12 h；（b）盐酸中 36 h；（c）盐酸中 120 h；（d）含碳点盐酸中 12 h；
（e）含碳点盐酸中 36 h；（f）含碳点盐酸中浸泡 120 h

　　图 3-9 展示了 Q235 碳钢在含有柠檬酸基氮掺杂碳点和不含该碳点的 1 mol/L 盐酸中浸泡不同时间后的表面形貌的激光共聚焦图像。在 1 mol/L 盐酸中，Q235 碳钢表面经过 12 h、36 h 和 120 h 浸泡后的粗糙度 Ra 值分别为 0.876 μm、1.523 μm 和 2.060 μm；而在含有 20 mg/L 柠檬酸基氮掺杂碳点的盐酸溶液中，相应数值分别为 0.363 μm、0.831 μm 和 1.155 μm。随着浸泡时间增加，无论是否添加柠檬酸基氮掺杂碳点，Q235 碳钢把表面的 Ra 值均呈增加趋势。与添加 20 mg/L 柠檬酸基氮掺杂碳点的盐酸相比，在无碳点盐酸中进行腐蚀时，Q235 碳钢表面粗糙度较大。这说明虽然添加了柠檬酸基氮掺杂碳点可以一定程度上延缓 Q235 碳钢在该条件下的腐蚀速率，但试样表面仍存在明显腐蚀现象[11]。

3.4　柠檬酸基氮掺杂碳点在碳钢表面的吸附行为

等温吸附曲线可以帮助我们看出缓蚀剂的吸附形式。图 3-10 为柠檬酸基氮掺杂碳点在碳钢表面的等温吸附曲线。其横坐标为碳点缓蚀剂的浓度 C_{inh}（单位为 mg/L），纵坐标为碳点缓蚀剂浓度 C_{inh} 与其在金属表面覆盖分数 θ 的比值 "C/θ"。当碳点在金属表面吸附覆盖的分数 θ 与溶液中被吸附物质存在以下关系，如式 3-1[12]所示：

$$\frac{\theta}{1-\theta} = K_{ads} \times C_{inh} \qquad (3\text{-}1)$$

则表明缓蚀剂在金属表面的吸附满足 Langmuir 等温吸附。式中，K_{ads} 为吸附平衡常数。图 3-10 显示，缓蚀剂浓度 C 与 "C/θ" 呈现出良好的线性关系，R^2 达到 0.999 95。这表明柠檬酸基氮掺杂碳点在碳钢表面的吸附满足 Langmuir 等温吸附。另外，还可以根据式 3-2[13,14]计算碳点的吸附自由能 ΔG_{ads}^0：

$$\Delta G_{ads}^0 = -RT\ln(C_{H_2O}K_{ads}) \qquad (3\text{-}2)$$

式中，R 是气体常数，T 是绝对温度，C_{H_2O} 是水的浓度，取 1 000 g/L。经计算，ΔG_{ads}^0 的值为 -33.235 kJ/mol，该值介于 -40 kJ/mol 和 -20 kJ/mol 之间，意味

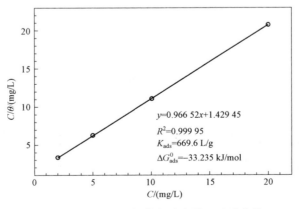

图 3-10　柠檬酸基氮掺杂碳点等温吸附曲线

着柠檬酸基氮掺杂碳点在碳钢表面的吸附既有物理吸附，又有化学吸附[15-17]。其物理吸附可能来自于表面—NH_2 在酸性溶液中质子化后形成的带电基团—NH_3^+，其化学吸附可能来自于羧基、吡咯 N、吡啶 N 和中性—NH_2 等含有 N、O 杂原子的官能团，以及其碳核中的 π 电子。

3.5 柠檬酸基氮掺杂碳点缓蚀剂的缓蚀机理

柠檬酸基氮掺杂碳点抑制盐酸中碳钢的腐蚀机理如图 3-11 所示。首先，碳钢的主要成分是铁。因此，碳钢在盐酸中腐蚀过程的阳极反应为铁的离子化过程（$Fe \rightarrow Fe^{2+} + e$），其阴极过程为氢离子的还原（$e + H^+ \rightarrow H_2$）。前者为失电子过程，后者为得电子过程。当盐酸中加入柠檬酸基氮掺杂碳点后，碳点会通过物理吸附和化学吸附的共同作用吸附于碳钢表面，形成一层吸附膜。该吸附膜能够有效地阻碍溶液中氢离子与碳钢表面的直接接触，这样，氢离子无法得到电子，从而切断了碳钢腐蚀过程中的阴极反应路径。由于消耗电子的路径被切断，铁离子化所得的电子不能被及时消耗，导致碳钢表面电子富集，这就是为什么柠檬酸基氮掺杂碳点加入盐酸溶液后其开路电位负移的原因。柠檬酸基氮掺杂碳点在碳钢表面的吸附

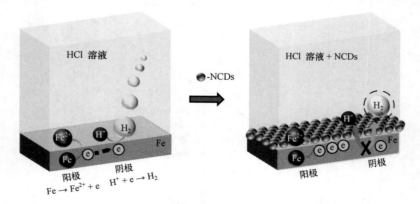

图 3-11 柠檬酸基氮掺杂碳点（NCDs）的缓蚀机理

64

过程可能包括三个过程[18]：① 质子化-NH₃⁺使碳点带正电，在静电吸附的作用下，与氢离子形成竞争吸附作用；② 带正电的碳点在碳钢表面得电子，形成中性碳点；③ 中性碳点在碳钢表面通过 N、O 杂原子的孤对电子或碳核上 π 电子与 Fe 原子形成化学配位吸附。

参考文献

［1］ LIU Z, YE Y W, CHEN H. Corrosion inhibition behavior and mechanism of N-doped carbon dots for metal in acid environment[J]. Journal of Cleaner Production, 2020, 270: 122458.

［2］ ZHU S, MENG Q, WANG L, et al. Highly photoluminescent carbon dots for multicolor patterning, sensors, and bioimaging[J]. Angewandte Chemie International Edition, 2013, 52(14): 3953-3957.

［3］ CUI M, REN S, XUE Q, et al. Carbon dots as new eco-friendly and effective corrosion inhibitor[J]. Journal of Alloys and Compounds, 2017, 726: 680-92.

［4］ YE Y, YANG D, CHEN H, et al. A high-efficiency corrosion inhibitor of N-doped citric acid-based carbon dots for mild steel in hydrochloric acid environment[J]. Journal of Hazardous Materials, 2020, 381: 121019.

［5］ YE Y, ZHANG D, ZOU Y, et al. A feasible method to improve the protection ability of metal by functionalized carbon dots as environment-friendly corrosion inhibitor[J]. Journal of Cleaner Production, 2020, 264: 121682.

［6］ BOGIREDDY N, SILVA R C, VALENZUELA M A, et al. 4-nitrophenol optical sensing with N doped oxidized carbon dots[J]. Journal of hazardous materials, 2020, 386: 121643.

［7］ LEI Z, XU S, WAN J, et al. Facile synthesis of N-rich carbon quantum dots by spontaneous polymerization and incision of solvents as efficient bioimaging probes and advanced electrocatalysts for oxygen reduction reaction[J]. Nanoscale, 2016, 8(4): 2219-2226.

［8］ PILLAR-LITTLE T, KIM D Y J R A. Differentiating the impact of nitrogen chemical states on optical properties of nitrogen-doped graphene quantum dots[J]. RSC advances, 2017, 7(76): 48263-48267.

［9］ QIANG Y, LI H, LAN X J J O M S, et al. Self-assembling anchored film basing on two tetrazole derivatives for application to protect copper in sulfuric acid environment[J]. Journal of Materials Science & Technology, 2020, 52: 63-71.

［10］ YE Y, ZOU Y, JIANG Z, et al. An effective corrosion inhibitor of N doped carbon dots for Q235 steel in 1 M HCl solution[J]. Journal of Alloys and Compounds, 2020, 815: 152338.

［11］ CUI M, REN S, ZHAO H, et al. Novel nitrogen doped carbon dots for corrosion inhibition of carbon steel in 1 M HCl solution[J]. Applied Surface Science, 2018, 443: 145-156.

［12］ SıĞıRCıK G, TüKEN T, ERBIL M. Inhibition efficiency of aminobenzonitrile compounds on steel surface[J]. Applied Surface Science, 2015, 324: 232-239.

［13］ MOURYA P, BANERJEE S, SINGH M. Corrosion inhibition of mild steel in acidic solution by Tagetes erecta(Marigold flower)extract as a green inhibitor[J]. Corrosion Science, 2014, 85: 352-363.

［14］ QIANG Y, LI H, LAN X J J O M S. Self-assembling anchored film basing on two tetrazole derivatives for application to protect copper in sulfuric acid environment[J]. Journal of Materials Science Technology, 2020, 52: 63-71.

［15］ QIANG Y, ZHANG S, XU S, et al. Experimental and theoretical studies on the corrosion inhibition of copper by two indazole derivatives in

3.0%NaCl solution[J]. Journal of Colloid and Interface Science, 2016, 472: 52-9.

[16] SıĞıRCıK G, TüKEN T, ERBIL M. Assessment of the inhibition efficiency of 3, 4-diaminobenzonitrile against the corrosion of steel[J]. Corrosion Science, 2016, 102: 437-445.

[17] YAN H, TAN M, ZHANG D, et al. Development of multicolor carbon nanoparticles for cell imaging[J]. Talanta, 2013, 108: 59-65.

[18] HAQUE J, SRIVASTAVA V, QURAISHI M A, et al. Polar group substituted imidazolium zwitterions as eco-friendly corrosion inhibitors for mild steel in acid solution[J]. Corrosion Science, 2020, 172: 108665.

第4章 氮掺杂对碳点缓蚀剂
缓蚀性能的影响

目前大多数研究关注于氮掺杂碳点（NCDs）和 N、S 共掺碳点（N,S-CDs）作为缓蚀剂的应用。N 的掺杂对碳点缓蚀性能是否有影响，影响到底有多大，还需要相关的具体研究加以明确。因此，本章对比了未掺杂的柠檬酸基碳点（CDs）和柠檬酸基氮掺杂碳点（NCDs）的缓蚀性能，以确定氮掺杂对碳点缓蚀性能的影响。

4.1 柠檬酸基碳点（CDs）和柠檬酸基
氮掺杂碳点（NCDs）的制备

4.1.1 柠檬酸基碳点（CDs）的制备

柠檬酸基碳点缓蚀剂的制备方法如下：将 1 g 柠檬酸加入 100 mL 烧杯中，在 180 ℃烘箱中加热 1 h，将得到的反应产物溶解于 30 mL 去离子水中。离心过滤后，在去离子水中进行透析处理 48 h（截留分子量为 1 000 Da）。去离子水每 4 h 更换一次。将得到的柠檬酸基碳点溶液转移到真空干燥箱中，在 65 ℃下干燥 24 h，最终得到柠檬酸基碳点固体粉末。

4.1.2 柠檬酸基氮掺杂碳点（NCDs）的制备

柠檬酸基氮掺杂碳点缓蚀剂的制备方法为：将 1 g 柠檬酸和 2 g 尿素加入 100 mL 烧杯中，在 180℃烘箱中加热 1 h，将得到的反应产物溶解于 30 mL 去离子水中。离心过滤后，在去离子水中进行透析处理 72 h（分子量 1 000 MD）。去离子水每 4 h 换一次。透析后用聚偏二氟乙烯膜（PVDF）过滤，取出里面大颗粒杂质。将得到的柠檬酸基氮掺杂碳点溶液转移到真空干燥箱中，在 65℃下干燥 24 h，最终得到柠檬酸基氮掺杂碳点固体粉末。

柠檬酸基碳点和柠檬酸基氮掺杂碳点的制备过程中，均以柠檬酸为原料，其中，柠檬酸基氮掺杂碳点多引入尿素作为氮掺杂原料。其余合成过程中的加热温度、加热时间及后续纯化处理方法完全一致。这样可以有利于比较氮掺杂对碳点缓蚀剂缓蚀性能的影响。

4.2 柠檬酸基碳点（CDs）和柠檬酸基氮掺杂碳点（NCDs）的形貌和成分比较

4.2.1 柠檬酸基碳点（CDs）和柠檬酸基氮掺杂碳点（NCDs）的形貌比较

透射电子显微镜（TEM）能够对碳点的微观形貌进行表征，结果如图 4-1 所示。结果显示，未掺杂的柠檬酸基碳点和氮掺杂后的柠檬酸基氮掺杂碳点在水溶液中均分散良好，呈现近似圆形的纳米颗粒特征。两者尺寸差别不大，其中柠檬酸基碳点的尺寸约为 1.7 nm，柠檬酸基氮掺杂碳点的尺寸约为 2.1 nm。由此可以看出，氮掺杂过程对碳点的尺寸影响不大。

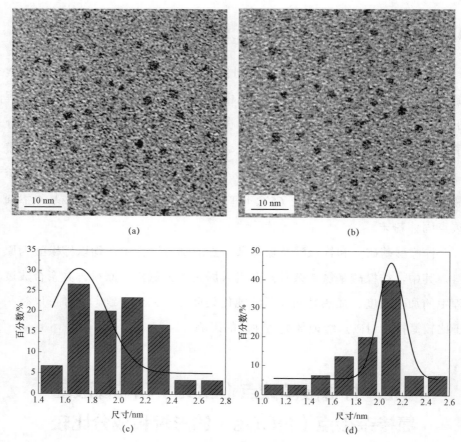

图 4-1　柠檬酸基碳点和柠檬酸基氮掺杂碳点的形貌和尺寸分布
（a）柠檬酸基碳点形貌的透射电镜照片；（b）柠檬酸基氮掺杂碳点形貌的透射电镜照片；
（c）柠檬酸基碳点尺寸分布统计图；（d）柠檬酸基氮掺杂碳点尺寸分布统计图

4.2.2　柠檬酸基碳点（CDs）和柠檬酸基氮掺杂碳点（NCDs）的成分比较

图 4-2 为碳点的红外光谱图，位于 3 440、1 710、1 400 和 1 190 cm^{-1} 处的峰分别属于—OH 伸缩振动峰、C＝O 伸缩振动峰、COO—伸缩振动峰和 C—OH 伸缩振动峰[1]。C—H 伸缩振动峰位于 2 930 和 2 850 $^{-1}$ 处[2]，其中位于 1 590 cm^{-1} 的峰对应于 N—H 的伸缩振动峰证明了 N 元素成功掺杂到碳点中[3]，可能对应于类吡啶 N、类吡咯 N 和氨基 N。

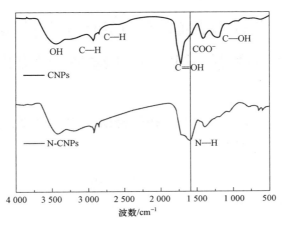

图 4-2　柠檬酸基碳点和柠檬酸基氮掺杂碳点的红外光谱表征结果

4.2.3　柠檬酸基氮掺杂碳点结构的 Raman 光谱表征

通过拉曼光谱分析碳的不同状态，如图 4-3 所示出现在 1 349.6 和 1 580.6 cm^{-1} 处峰值分别属于 D 带和 G 带。D 带是由于 sp^3 碳原子的振动引起的，而 G 带则与 sp^2 碳原子的平面振动有关[4]。这一结果证明了碳点中类似于石墨烯共轭结构和一些缺陷结构的存在。

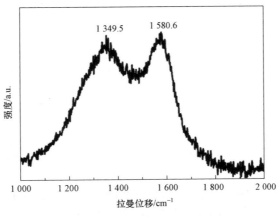

图 4-3　柠檬酸基氮掺杂碳点的 Raman 光谱表征结果

4.3 柠檬酸基碳点（CDs）和柠檬酸基 氮掺杂碳点（NCDs）缓蚀行为的比较

4.3.1 柠檬酸基碳点（CDs）和柠檬酸基氮掺杂碳点（NCDs）缓蚀效率的比较

图 4-4 为 Q235 碳钢在含有不同浓度两种碳点的盐酸溶液中的腐蚀速率 ν 和对应浓度下两种碳点的缓蚀效率 η。其中，图 4-4（a）可知浸泡 24 h 后，在添加两种碳点缓蚀剂的盐酸溶液中，碳钢的腐蚀速率均有所下降，说明柠檬酸基碳点和柠檬酸基氮掺杂碳点均具有抑制作用。其中，在添加柠檬酸基氮掺杂碳点后，Q235 碳钢的腐蚀速率远低于那些以柠檬酸基碳点为缓蚀剂的 Q235 碳钢。图 4-4（b）为两种碳点的缓蚀效率。由该图可知，当浓度均为 50 mg/L 时，柠檬酸基碳点的缓蚀速率为 37.50%，而柠檬酸基氮掺杂碳点的缓蚀速率远高于它，达到 90.96%。说明 N 元素的掺杂显著提高了碳点的缓蚀效率。

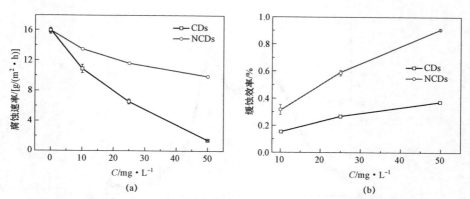

图 4-4　Q235 碳钢在含有不同浓度柠檬酸基碳点和柠檬酸基氮掺杂碳点的 1 mol/L 盐酸溶液中的腐蚀速率和对应碳点的缓蚀效率
(a) 碳钢的腐蚀速率和 (b) 碳点的缓蚀效率

图 4-5（a）是 Q235 碳钢在 1 mol/L HCl、含有 50 mg/L 柠檬酸基碳点的 1 mol/L HCl 和含 50 mg/L 柠檬酸基氮掺杂碳点的 1 mol/L HCl 三种溶液中的动电位极化曲线。由其所得的自腐蚀电位（E_{corr}）、自腐蚀电流密度（i_{corr}）、阴极极化率（b_c）、阳极极化率（b_a），表面覆盖度（θ）和缓蚀效率（η）如表 4-1 所示。其中，θ 和 η 可以用以下（4-1）和（4-2）公式来计算：

$$\theta = \frac{i_{corr}^0 - i_{corr}}{i_{corr}^0} \tag{4-1}$$

$$\eta = \frac{i_{corr}^0 - i_{corr}}{i_{corr}^0} \times 100\% \tag{4-2}$$

其中 i_{corr}^0 和 i_{corr} 分别代表无缓蚀剂和有缓蚀剂溶液的自腐蚀电流密度。计算结果如表 4-1 所示。由表 4-1 可知，添加碳点后，碳钢腐蚀的 E_{corr} 向负电位偏移，i_{corr} 明显变小，而极化率 b_c 和 b_a 的值没有明显的变化，且所有极化率值的大小相近。其中添加柠檬酸基氮掺杂碳点后与添加柠檬酸基碳点后相比，添加柠檬酸基氮掺杂碳点后，Q235 碳钢的腐蚀电流密度更小。经计算柠檬酸基碳点的缓蚀效率为 66.8%，而 N-CNP 的缓蚀效率为 87.6%，说明柠檬酸基氮掺杂碳点具有更好的抑制作用，这与失重实验结果一致。这一现象采用 Evans 极化图可以进行解释，如图 4-5（b）所示。图 4-5（b）中横、纵坐标分别为 $\log i$ 和电位。纵坐标上 E_c 和 E_a 分别代表 Q235 腐蚀过程中阴极析氢反应和阳极 Fe 氧化反应的平衡电极电位；图中 i_{c1}^0、i_{c2}^0 和 i_{c3}^0 分别为 Q235 碳钢在 1 mol/L HCl、含 50 mg/L 柠檬酸基碳点的 1 mol/L HCl 和含 50 mg/L 柠檬酸基氮掺杂碳点的 1 mol/L HCl 三种溶液中表面发生析氢反应的交换电流密度，i_{a1}^0、i_{a2}^0 和 i_{c3}^0 分别为 Q235 碳钢在三种溶液中表面发生 Fe 氧化反应的交换电流密度；E_{corr1}、E_{corr2} 和 E_{corr3} 分别为 Q235 碳钢在三种溶液中的自腐蚀电位，i_{corr1}、i_{corr2} 和 i_{corr3} 分别为对应的自腐蚀电流密度。为了简化 Evans 极化图，这里假设 Q235 碳钢在 1 mol/L 盐酸溶液中 i_{a1}^0 和 i_{c1}^0 相等。同时，根据图 3-5a 中 Q235 在三种溶液中的阴极和阳极的极化率相近这一实验现象，将 Evans 极化图中的所有阴、阳极的极化率固定为相同值。因此，在反应电位相同且极化率相同的情况下，为了满足 $i_{corr1} > i_{corr2} > i_{corr3}$ 这一实验现象，需要使 $i_{a1}^0 > i_{a2}^0 > i_{a3}^0$、且 $i_{c1}^0 > i_{c2}^0 > i_{c3}^0$，即两种碳点在碳钢表面的吸附降低了阳极和阴极的交换电流密度，说明碳点可以同时抑制阴极和阳极反应，属于混合型抑制剂。另外，值得注意的是，添加柠檬酸基氮掺杂碳点和柠檬酸基碳点后 Q235 碳钢的自腐蚀电位往负的方向移动，即 $E_{corr1} > E_{corr2} > E_{corr3}$。表明两种碳点对阴极的抑制程度均强于阳极，且主要抑制了阴极过程。

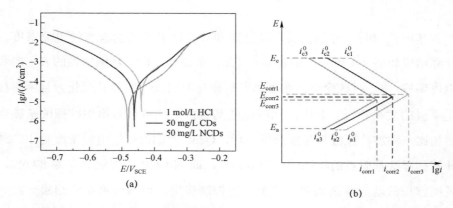

图 4-5　Q235 碳钢在三种溶液中的动电位极化曲线及其对应的 Evans 极化图

（a）动电位极化曲线；（b）Evans 极化图

表 4-1　Q235 碳钢在三种溶液中的极化曲线拟合参数

Solution	$E_{corr}/$ V vs.SCE	$i_{corr}/$ （A/cm²）	$b_a/$ mV.dec^{-1}	$b_c/$ mV.dec^{-1}	θ	η
1 mol/L HCl	−0.44	2.441×10^{-4}	89.574	92.868	—	—
50 mg/L CDs + 1 mol/L HCl	−0.462	8.097×10^{-5}	83.935	92.584	0.67	66.82%
50 mg/L NCDs + 1 mol/L HCl	−0.482	3.029×10^{-5}	93.492	92.807	0.88	87.59%

图 4-6 是 Q235 碳钢在 1 mol/L HCl、含有 50 mg/L 柠檬酸基碳点的 1 mol/L HCl 和含 50 mg/L 柠檬酸基氮掺杂碳点的 1 mol/L HCl 三种溶液中的

交流阻抗谱结果，其中图 4-6（a）和（b）分别为交流阻抗谱 Nyquist 图和 Bode 图，图 4-6（c）和（d）为在 1 mol/L HCl 和添加碳点溶液对应的等效电路图。根据图 4-6（a）可以观察一个由电子转移时与样品-溶液界面双电层电容引起的容抗弧；盐酸溶液中的电容弧的直径是阻抗模量值中最低的，表明 Q235 碳钢在盐酸溶液中腐蚀最严重。添加缓蚀剂后，除在高频区观察到容抗弧外，在低频区域还出现了感抗弧。可能是由于电极表面吸附的碳点引起的弛豫过程[5]。并且碳点加入后，阻抗弧明显增大，这是由于缓蚀剂会覆盖腐蚀区域，然后在钢表面形成吸附膜，因此具有良好的腐蚀抑制能力。根据阻抗弧直径的大小可以看出添加柠檬酸基氮掺杂碳点后的阻抗模量值最大，缓蚀效果最好。

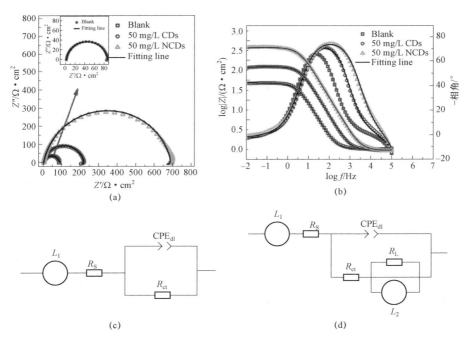

图 4-6　Q235 碳钢在三种溶液中的交流阻抗谱及拟合电路图

（a）Nyquist 图；（b）Bode 图；（c）Q235 碳钢在盐酸溶液中腐蚀的等效电路图；
（d）Q235 碳钢在含有碳点的盐酸溶液中腐蚀的等效电路图

对于 Bode 图，最低频率的阻抗模量与电极的腐蚀速率成反比。其中，$|Z|_{0.01Hz}$ 随着碳点的加入呈现上升趋势。在 1 mol/L HCl、含有 50 mg/L 柠檬酸基碳点的 1 mol/L HCl 和含 50 mg/L 柠檬酸基氮掺杂碳点的 1 mol/L HCl 三种溶液中浸泡 24 h 后，$|Z|_{0.01Hz}$ 分别达到 1.92 $\Omega \cdot cm^2$，$\Omega \cdot cm^2$ 和 2.82 $\Omega \cdot cm^2$。此外，所有 Bode 相角曲线的峰高随着不同碳点的加入而增加，其中氮掺杂碳点效果最好，这说明了氮掺杂碳点在钢/溶液界面中的吸附响应更强。

为了更好地分析 Q235 碳钢三种溶液中的腐蚀行为，通过 Zsinpwin 软件对阻抗谱进行拟合，拟合电路图如图 4-6 所示。在等效电路中，L_1，L_2 为电感元件，其中 L_1 是电化学工作站自带的机械电感，L_2 是由于碳点在碳钢表面吸附过程产生的电感，R_L 为碳点吸附层电阻；R_S 为溶液电阻；R_{ct} 为电子转移电阻；C_{dl} 为常相位角元件。由表 4-2 中的数据可知，不同溶液中的 R_S 值变化不大，在 1 mol/L 盐酸中，加入与不加入碳点对比可得加入碳点后 R_{ct} 值增大。R_{ct} 值的增加是由于在金属表面缓蚀剂分子代替水分子，从而导致电子在溶液/碳钢界面上转移的电阻增加。其中加入碳点后 R_{ct} 从 85.2 $\Omega \cdot cm^2$ 分别升高到 202.8 $\Omega \cdot cm^2$（柠檬酸基碳点）和 660.3 $\Omega \cdot cm^2$（柠檬酸基氮掺杂碳点）。可以通过下方等式 4-3 获得抑制效率（η）：

$$\eta = \frac{R_p - R_{p,0}}{R_p} \times 100\% \qquad (4\text{-}3)$$

其中 $R_{p,0}$ 和 R_p 分别表示没有和有碳点缓蚀剂的溶液中，碳钢腐蚀过程中的腐蚀极化电阻，它的大小等于电子转移电阻 R_{ct} 和缓蚀剂膜电阻 R_L 之和。经计算，柠檬酸基碳点的缓蚀效率为 61.05%，而柠檬酸基氮掺杂碳点的缓蚀效率为 87.66%，说明柠檬酸基氮掺杂碳点具有更好的抑制效果，同样表明进行氮掺杂后的碳点缓蚀效果更好。这与失重实验和动电位极化结果的结果一致。虽然三种测试方法测得的趋势一致，但是在数值大小上有一定差距，可能是由于测试方法不同所导致的。

表 4-2　Q235 碳钢在三种溶液中的电化学阻抗谱拟合参数

$C/\text{mg} \cdot \text{L}^{-1}$	L_1/H	$R_S/\Omega \cdot \text{cm}^2$	$C_{dl}/\text{F} \cdot \text{cm}^2$	n_1	$R_{ct}/\Omega \cdot \text{cm}^2$	L_2/H	$R_L/\Omega \cdot \text{cm}^2$	$R_p/\Omega \cdot \text{cm}^2$	χ^2	η
1 mol/L HCl	7.934×10^{-7}	1.86	8.09×10^{-4}	0.91	85.2	—	—	85.2	2.87×10^{-4}	—
50 mg/L CDs + 1 mol/L HCl	6.652×10^{-7}	1.73	2.34×10^{-4}	0.90	202.8	139.3	15.95	218.75	4.09×10^{-4}	61.05%
50 mg/L NCDs + 1 mol/L HCl	6.409×10^{-7}	1.70	8.97×10^{-5}	0.89	660.3	300.2	30.3	690.6	6.43×10^{-4}	87.66%

4.3.2 柠檬酸基碳点（CDs）和柠檬酸基氮掺杂碳点（NCDs）对碳钢腐蚀形貌的影响

图 4-7 为 Q235 碳钢表面形貌的激光共聚焦显微镜（laser scanning confocal microscope，LSCM）表征结果。图 4-7 中为抛光态 Q235 碳钢表面的激光共聚焦显微镜图像，表面光滑，没有明显的起伏，其粗糙度为 $R_a = 0.047$ μm。图 4-7 中 Q235 碳钢在 1 mol/L HCl、含 50 mg/L 柠檬酸基碳点的 1 mol/L HCl 和含 50 mg/L 柠檬酸基氮掺杂碳点的 1 mol/L HCl 三种溶液中浸泡 24 h 后表面的激光共聚焦显微镜图像特征，显示出 Q235 碳钢在三种溶液中均为全面腐蚀。这表明，两种碳点缓蚀剂均未改变碳钢在盐酸溶液中均匀腐蚀的腐蚀行为。未添加缓蚀剂的碳钢表面表现出较高的凸起和较低的凹槽，碳钢的表面粗糙度约为 1.328 μm；加入柠檬酸基碳点后，Q235 碳钢的表面粗糙度降低，达到 $R_a = 0.93$ μm；加入柠檬酸基氮掺杂碳

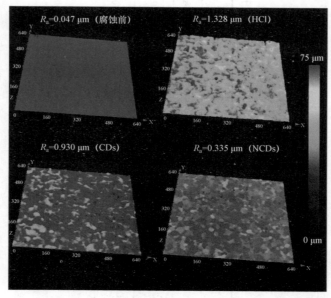

图 4-7　Q235 碳钢在添加和不添加缓蚀剂的情况下浸入 1 mol/L 盐酸前后的 LSCM 图像：抛光后的 Q235 碳钢；1 mol/L HCl-24 h；50 mg/L 柠檬酸基碳点（CDs）+ 1 mol/L HCl-24 h；50 mg/L 柠檬酸基氮掺杂碳点（NCDs）+1 mol/L HCl-24 h

点后，Q235 碳钢表面的粗糙度进一步降低，达到 $Ra = 0.335$ μm。加入碳点后，碳钢表面粗糙度变小，表明腐蚀速率降低，这是由于缓蚀剂覆盖在腐蚀区域，从而抑制了盐酸对碳钢的腐蚀。与在盐酸和含碳点的溶液对比可明显发现，添加柠檬酸基氮掺杂碳点后对碳钢的缓蚀效果最好。

4.3.3 柠檬酸基碳点（CDs）和柠檬酸基氮掺杂碳点（NCDs）吸附能力的比较

通过 Langmiur 吸附等温曲线求出吸附自由能可以确定缓蚀剂的吸附类型。吸附等温曲线可以通过以下公式计算[6,7]：

$$\frac{\theta}{1-\theta} = K_{ads}C \qquad (4-4)$$

式（4-4）中 θ，C 和 K_{ads} 分别是表面覆盖率、缓蚀剂浓度和吸附平衡常数。

吸附等温曲线如图 4-8（a）和（b）所示，经计算，线性相关系数 R^2 值分别为 0.975 993 和 0.997 21，两个数值都接近于 1，表明两种缓蚀剂的吸附过程均符合 Langmuir 等温吸附模型。K_{ads} 的值通过线性方程的截距的倒数可以求出。K_{ads} 的值越高吸附能力越强[8]。其中柠檬酸基氮掺杂碳点和柠檬酸基碳点的 K_{ads} 的值分别为 37.36 L/g 和 20.61 L/g，可以看出柠檬酸基氮掺杂碳点的 K_{ads} 值比柠檬酸基碳点的大，表明 N 的掺杂显著提高了柠檬酸基碳点在钢/溶液界面上的吸附能力，从而有助于提高其在碳钢表面吸附膜的完整性，进而提高其缓蚀能力。

吸附自由能 ΔG_{ads}^0 通过以下公式计算[9,10]：

$$\Delta G_{ads}^0 = -RT \ln (1\,000K_{ads}) \qquad (4-5)$$

式（4-5）中 R 为气体摩尔常数（8.314 J/mol·K），T 为绝对温度（298 K）。如果 $\Delta G_{ads}^0 > -20$ kJ/mol 则为物理吸附，$\Delta G_{ads}^0 < -40$ kJ/mol 则为化学吸附[8,11]。从上面的公式得出柠檬酸基氮掺杂碳点和柠檬酸基碳点的 ΔG_{ads}^0 值为 -26.08 和 -24.61 kJ/mol。因此，柠檬酸基氮掺杂碳点和柠檬酸基碳点在 Q235 碳钢表面吸附过程中均同时具有物理和化学吸附。柠檬酸基氮掺杂碳

点的吸附自由能更负，表明其吸附性更好。

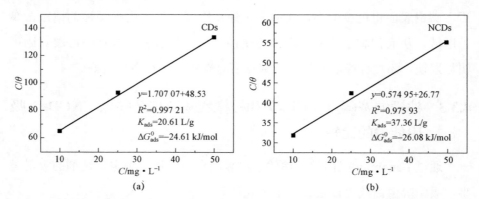

图 4-8　Q235 碳钢在含有两种碳点的盐酸溶液中的 Langmuir 吸附等温线
（a）柠檬酸基碳点；（b）柠檬酸基氮掺杂碳点

以上结果显示对于氮掺杂碳点，N 能够有效提高碳点在碳钢表面的吸附性能，从而显著提高碳点的缓蚀效率。N 在碳点中具有类吡咯 N、类吡啶 N、氨基 N 和季铵 N 共四种，这些 N 究竟会起到什么作用将在下一章详细讨论。

参考文献

［1］ QU S, WANG X, LU Q, et al. A biocompatible fluorescent ink based on water-soluble luminescent carbon nanodots[J]. Angewandte Chemie-International Edition, 2012, 51(49): 12215.

［2］ HONGREN L, FENG L, AIMIN D. A solvothermal method to synthesize fluorescent carbon nanoparticles and application to photocatalysis and electrocatalysis[J]. Luminescence, 2015, 30(6): 740-744.

［3］ BAIG N, CHAUHAN D, SALEH T A, et al. Diethylenetriamine functionalized graphene oxide as a novel corrosion inhibitor for mild steel in hydrochloric acid solutions[J]. New Journal of Chemistry, 2019, 43(5): 2328-2337.

［4］ CEN H, CHEN Z, GUO X. N, S co-doped carbon dots as effective corrosion inhibitor for carbon steel in CO2-saturated 3.5%NaCl solution[J]. Journal of the Taiwan Institute of Chemical Engineers, 2019, 99: 224-238.

［5］ KOWSARI E, ARMAN S, SHAHINI M, et al. In situ synthesis, electrochemical and quantum chemical analysis of an amino acid-derived ionic liquid inhibitor for corrosion protection of mild steel in 1M HCl solution[J]. Corrosion Science, 2016, 112: 73-85.

［6］ SOLMAZ R, KARDAŞ G, ÇULHA M, et al. Investigation of adsorption and inhibitive effect of 2-mercaptothiazoline on corrosion of mild steel in hydrochloric acid media[J]. Electrochimica Acta, 2008, 53(20): 5941-5952.

［7］ TOURABI M, NOHAIR K, TRAISNEL M, et al. Electrochemical and XPS studies of the corrosion inhibition of carbon steel in hydrochloric acid pickling solutions by 3, 5-bis(2-thienylmethyl)-4-amino-1, 2, 4-triazole[J]. Corrosion Science, 2013, 75: 123-133.

［8］ SıĞıRCıK G, TüKEN T, ERBIL M. Assessment of the inhibition efficiency of 3, 4-diaminobenzonitrile against the corrosion of steel[J]. Corrosion Science, 2016, 102: 437-445.

［9］ SOLMAZ R. Investigation of adsorption and corrosion inhibition of mild steel in hydrochloric acid solution by 5-(4-Dimethylaminobenzylidene) rhodanine[J]. Corrosion Science, 2014, 79: 169-176.

［10］ SıĞıRCıK G, TüKEN T, ERBIL M. Inhibition efficiency of aminobenzonitrile compounds on steel surface[J]. Applied Surface Science, 2015, 324: 232-9.

［11］ HANZA A P, NADERI R, KOWSARI E. Corrosion behavior of mild steel in H_2SO_4 solution with 1, 4-di[1′-methylene-3′-methyl imidazolium bromide]-benzene as an ionic liquid[J]. Corrosion Science, 2016, 107: 96-106.

第 5 章　类吡咯 N 对柠檬酸基氮掺杂碳点（NCDs）缓蚀剂缓蚀性能的影响

已经明确了柠檬酸基氮掺杂碳点中的 N 能够促进其在碳钢表面吸附，从而提高其的缓蚀效率[1]。He[2]等人的最新研究也证实了氮掺杂在提升碳点缓蚀性能方面具有显著效果。然而，这里值得注意的是，N 在柠檬酸基氮掺杂碳点中的存在形式有 4 种：氨基 N、类吡咯 N、类吡啶 N 和季铵 N[3-9]，如图 5-1 所示。N 的种类和柠檬酸基氮掺杂碳点的缓蚀性能之间的关系如何？其影响机制又是如何？这两个问题都尚未得到准确的解释。明确缓蚀剂的构效关系，在其性能的优化过程中就可以做到有的放矢。

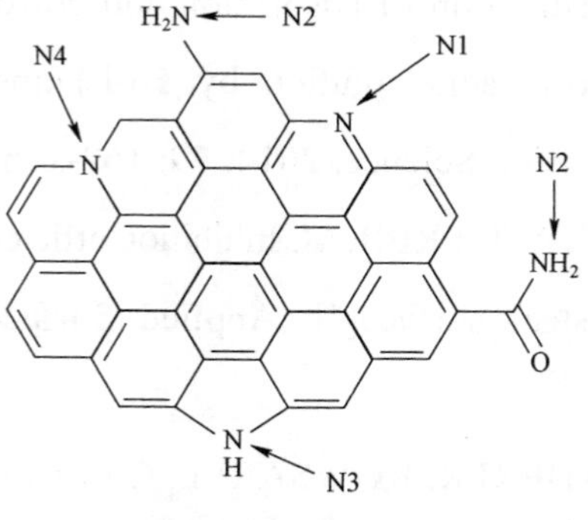

图 5-1　柠檬酸基氮掺杂碳点表面 4 种 N 的示意图：
N1 为类吡啶 N，N2 为氨基 N，N3 为类吡咯 N，N4 为季铵 N[10]

氮掺杂碳点作为吸附型缓蚀剂（物理吸附和化学吸附同时存在），其与金属之间的化学吸附行为主要是由于柠檬酸基氮掺杂碳点可作为亲核试剂，能为金属的空 d 轨道提供电子，从而形成柠檬酸基氮掺杂碳点与金属之间配位吸附[11]。因此，柠檬酸基氮掺杂碳点的给电子能力直接影响了其吸附性能。而柠檬酸基氮掺杂碳点中能向金属提供的电子有两类：（1）柠檬酸基氮掺杂碳点碳核大 π 键上的 π 电子[11]；（2）sp^2 杂化后，N 原子 p_z 轨道上的孤对电子[12]。因此，掺杂 N 原子提高柠檬酸基氮掺杂碳点给电子能力就存在两种可能的方式。第一种方式，N 原子本身作为柠檬酸基氮掺杂碳点的吸附中心，其给电子能力决定了柠檬酸基氮掺杂碳点的给电子能力大小[12]。另外，当 N 的 p_z 轨道与碳核 π 轨道法线方向平行时（或夹角较小时），p_z 轨道会与 π 轨道发生 p-π 共轭（或部分 p-π 共轭），如类吡咯 N、季铵 N 和类吡啶 N（如图 5-2 所示）。Wang[13]等人的研究显示，HOMO-LUMO 的能量决定了柠檬酸基氮掺杂碳点的给电子能力，其分布位置显示了柠檬酸基氮掺杂碳点表面给电子的位置。因此，掺杂 N 原子提高柠檬酸基氮掺杂碳点给电子能力的第二种方式是通过 p-π 共轭的方式，改变柠檬酸基氮掺杂碳点中碳核 π 电子的给电子能力。

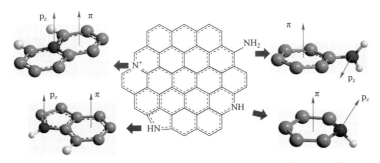

图 5-2　4 种 N 的 p_z 轨道和碳点共轭体系大 π 键法线方向的关系

本章通过调控柠檬酸基氮掺杂碳点中 N 的种类，比较了氨基 N、类吡咯 N 和季铵 N 对氮掺杂碳点缓蚀性能的影响规律及其机理。

5.1　柠檬酸基氮掺杂碳点中 N 种类的调控

柠檬酸基氮掺杂碳点通过两步水热合成方法合成，并对其 N 的种类进行调控，如图 5-3 所示。首先，以柠檬酸为碳源，合成未掺杂的碳点（CDs），具体操作过程如下：将 0.42 g 一水合柠檬酸溶解在 10 mL 去离子水中，形成无色透明的溶液。然后将该溶液转移到 50 mL 聚四氟乙烯内衬的反应釜中，在 200 ℃下加热 5 h。在这个过程的最后，溶液呈现出浅黄色，其内部形成了大尺寸的聚合物和碳点。随后，继续采用水热合成方法将得到的 CDs 进行氮掺杂：将 535 μL 的氨水加入到 10 mL 的黄色碳点溶液中，再次将其置入 50 mL 的聚四氟乙烯内衬的反应釜中，分别在 100 ℃、160 ℃和 220 ℃下加热 5 h。反应完成后，在溶液中合成柠檬酸基氮掺杂碳点。该溶液在自然光下保持淡黄色，并且在 365 nm 紫外线光束下激发时发出蓝光。第二步在 100 ℃、160 ℃和 220 ℃下合成的柠檬酸基氮掺杂碳点分别被命名为 NCDs-1、NCDs-2 和 NCDs-3。然后用透析袋（分子量截止量为 1 000 Da）去除杂质 3 天，每 3 h 更换一次去离子水。纯化后的产物在 60 ℃的真空烘箱中干燥 24 h，得到柠檬酸基氮掺杂碳点粉末。

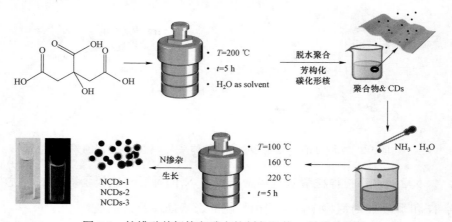

图 5-3　柠檬酸基氮掺杂碳点的制备及其 N 种类的调控

5.2　三种柠檬酸基氮掺杂碳点形貌、结构和成分的比较

5.2.1　三种柠檬酸基氮掺杂碳点形貌和结构的比较

图 5-4 为未掺杂碳点（CDs）和三种氮掺杂碳点（NCDs-1、NCDs-2 和 NCDs-3）的透射电镜表征结果。碳点的透射电镜表征结果显示（图 5-4（a）），柠檬酸溶液经过 200 ℃、5 h 加热以后，其内部出现平均直径为 2.85 nm 的纳米颗粒，并与某些聚合物样结构结合在一起。然而，这些聚合物样结构在 NCDs-1、NCDs-2 和 NCDs-3 的 TEM 图像中不存在，分别如图 5-4（c）、（e）和（g）所示。这一观察结果可能与碳点和柠檬酸基氮掺杂碳点的四步形成过程有关，包括：脱水、聚合、芳构化和碳化[14-16]。柠檬酸分子脱水过程形成了类聚合物结构［图 5-4（a）］，纳米颗粒在这些结构上成核，随后通过芳构化和碳化过程形成单个纳米颗粒[14-16]。因此，延长合成时间[14]或提高合成温度[15,16]能够促进类聚合物结构向碳点颗粒的转变。NCDs-1、NCDs-2 和 NCDs-3 的平均直径分别为 2.84 nm、2.46 nm 和 2.41 nm，如图 5-4（c）、（e）和（g）中的插图所示。该现象表明，在第二步氨水水热掺杂过程中，水热温度为 100 ℃、160 ℃和 220 ℃对三种柠檬酸基氮掺杂碳点的平均直径变化不大。未掺杂碳点（CDs）和三种柠檬酸基氮掺杂碳点 NCDs-1、NCDs-2、NCDs-3 的高分辨透射电镜（HRTEM）图像分别如图 5-4（b）、（d）、（f）和（h）所示，图中观察到的间隔等距的晶格条纹，其间距为 0.21 nm，对应于石墨碳的（100）晶面[17]。

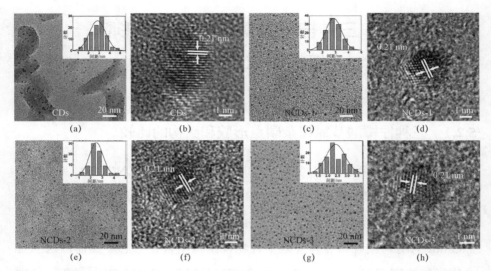

图 5-4　未掺杂碳点（CDs）和三种柠檬酸基氮掺杂碳点（NCDs）的透射电镜分析结果
(a) CDs 的形貌及粒度分布；(b) CDs 的晶格条纹；(c) NCDs-1 的形貌及粒度分布；
(d) NCDs-1 的晶格条纹；(e) NCDs-2 的形貌及粒度分布；(f) NCDs-2 的晶格条纹；
(g) NCDs-3 的形貌及粒度分布；(h) NCDs-3 的晶格条纹

5.2.2　三种柠檬酸基氮掺杂碳点成分的比较

通过红外光谱（FTIR）对三种柠檬酸基氮掺杂碳点存在的化学键和官能团进行表征，结果如图 5-5 所示：位于 3 423 cm^{-1}、3 188 cm^{-1}、1 706 cm^{-1}、1 207 cm^{-1}、1 589 cm^{-1} 处的伸缩振动峰分别对应于 O—H、N—H、C—O、C—OH 和 C≡N 的伸缩振动峰，1 416 cm^{-1} 处的峰值为 O—H 的弯曲振动，位于 2 927 cm^{-1} 和 2 850 cm^{-1} 处的峰值对应 C—H 的伸缩振动峰，其中 N—H 和 C=N 的出现证明了 N 成功掺杂到碳量子点中[10,18]，N—H 中的 N 可能对应于氨基 N、类吡咯 N 和类吡啶 N。C≡N 中的 N 可能对应于类吡咯 N，类吡啶 N 和季铵 N。为了进一步确定 N 的种类，需要对所制备的柠檬酸基氮掺杂碳点进行 X 射线光电子能谱（XPS）的表征。

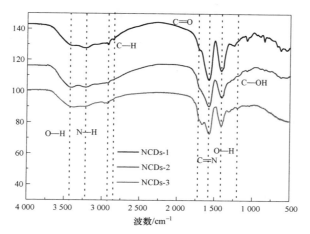

图 5-5　三种柠檬酸基氮掺杂碳点的 FTIR 表征结果

5.2.3　三种柠檬酸基氮掺杂碳点中 N 元素总含量及类吡咯 N 含量比较

NCDs-1、NCDs-2 和 NCDs-3 三种柠檬酸基氮掺杂碳点的 X 射线光电子能谱（XPS）表征结果的总谱和精细谱如图 5-6 所示。这三种柠檬酸基氮掺杂碳点的碳（C）、氮（N）和氧（O）的相对原子含量如图 5-6（a）所示。其中，NCDs-1 中 C、N、O 三种元素的相对原子百分含量分别为：50.33%、4.70% 和 22.11%；NCDs-2 中 C、N、O 三种元素的相对原子百分含量分别为：58.83%、8.57% 和 35.60%；NCDs-3 中 C、N、O 三种元素的相对原子百分含量分别为：63.19%、7.23% 和 29.58%。值得注意的是，三种柠檬酸基氮掺杂碳点中，NCDs-1 中的 C 元素含量最低，O 元素含量最高，而 NCDs-3 中的 C 元素含量最高，O 元素含量最低。从合成条件来看，NCDs-1 在三种柠檬酸基氮掺杂碳点中，其合成温度是最低的，而 NCDs-3 的合成温度在三种柠檬酸基氮掺杂碳点中最高。较高的合成温度能够促进柠檬酸的脱水和碳化过程，从而导致 O 元素含量降低，同时 C 元素含量增加[19]。

图 5-6（b）～（d）分别展示了三种柠檬酸基氮掺杂碳点的 N 1s、C 1s 和 O 1s 精细谱，其中在 N 1s 精细谱（图 5-6（b））中，位于（399.4±0.1）eV、

（400.2±0.1）eV 和（400.9±0.1）eV 的峰分别对应于氨基 N、类吡咯 N 和季铵 N[8,13,20–23]。在图 5-6（b）中，NCDs-3 中类吡咯 N 的峰相对于 NCDs-1 和 NCDs-2 呈现 0.2 eV 的负位移。这可能由于氨水水热温度增加 NCDs-3 中缺陷的增加[24]。在图 5-6（c）中，三种柠檬酸基氮掺杂碳点的 C 1s 精细谱在（284.7±0.1）eV、（285.4±0.1）eV、（287.3±0.3）eV 和（288.5±0.2）eV 的峰分别对应于 C—C/C＝C、C—O/C＝N、C—N 和 C＝O[8,13]。在图 5-6（d）中 O 1s 精细光谱在（531.5±0.2）eV 和 532.8 eV 处的峰分别对应于 C＝O 和 C—O[23]。以上结果不仅可以确定 N 已经掺到了柠檬酸基碳点中，并且以氨基 N、类吡咯 N 和季铵 N 三种形式存在。为了更进一步明确这三种形式的 N 及另外两种形式的 O 在三种柠檬酸基氮掺杂碳点中的相对含量，将各小峰下面的面积进行积分结果如图 5-6 所示。

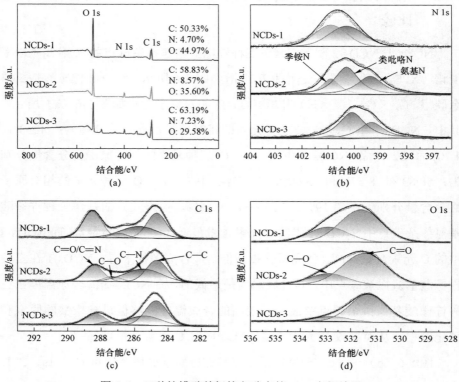

图 5-6　三种柠檬酸基氮掺杂碳点的 XPS 表征结果

（a）总谱；（b）N 1s 精细谱；（c）C 1s 精细谱；（d）O 1s 精细谱

表 5-1 详细列出了三种柠檬酸基氮掺杂碳点中不同形式的 N 元素和 O 元素的含量，包括 N 元素的季铵 N、类吡咯 N、氨基 N 及 C—O 键中的 O 和 C＝O 键中的 O，以及 N、O 元素在三种柠檬酸基氮掺杂碳点中的总含量（相对原子百分含量，at.%）。3 种柠檬酸基氮掺杂碳点中，NCDs-2 中 N 的总含量最高。特别值得注意的是，NCDs-3 的类吡咯 N 原子百分含量最高，为 4.10%。NCDs-1 的吡咯 N 含量最低，为 2.30%。在 O 元素含量方面，NCDs-1 中总的 O 元素含量最高，C—O 键和 C＝O 键的 O 含量均在三种柠檬酸基氮掺杂碳点中最高。相反，NCDs-3 的总 O 含量最低，并且 C—O 键和 C＝O 键的 O 含量均最低。由此可以看出，随着氨水水热温度升高，柠檬酸基氮掺杂碳点中类吡咯 N 的含量升高。

表 5-1　通过 XPS 精细谱计算所得的三种柠檬酸基氮掺杂碳点中三种形式的 N 和两种形式的 O 的相对原子百分比

样品	季铵 N/%	类吡咯 N/%	氨基 N/%	总计 N 含量/%	O of C-O/%	O of C＝O/%	总计 O 含量/%
NCDs-1	2.40	2.30	0.00	4.70%	13.54	31.43	44.97
NCDs-2	1.97	3.18	3.42	8.57%	8.16	27.44	35.60
NCDs-3	0.39	4.10	2.74	7.23%	4.18	25.40	29.58

5.3　类吡咯 N 对柠檬酸基氮掺杂碳点缓蚀性能的影响规律

5.3.1　类吡咯 N 对柠檬酸基氮掺杂碳点缓蚀效率的影响

　　为了确定类吡咯 N 对柠檬酸基氮掺杂碳点缓蚀性能的影响，分别比较了不同浸泡时间和添加浓度下，三种柠檬酸基氮掺杂碳点的缓蚀性能，如图 5-7 所示。其中图 5-7（a）和（b）分别为 Q235 碳钢在含有 0 mg/L 和 200 mg/L NCDs 的 1 mol/L HCl 溶液中浸泡不同时间（2 h、6 h、12 h、24 h 和 48 h）

后的腐蚀速率和缓蚀效率 η_{w}（以及碳点在 Q235 碳钢表面吸附后，吸附膜在碳钢表面覆盖面积百分数 θ_{w}）。可以明显看出，这三种类型的 NCDs 对 Q235 碳钢在 1 M HCl 溶液中的腐蚀有显著的抑制作用。这三种柠檬酸基氮掺杂碳点的抑制效率在前 6 h 内显著增加，随后在 6 至 24 h 内逐渐上升，并在 24 h 后最终稳定。观察到的这一趋势可归因于柠檬酸基氮掺杂碳点在 Q235 碳钢表面的吸附过程，导致柠檬酸基氮掺杂碳点膜的形成。在浸泡 24 h 内，随着浸泡时间的延长，柠檬酸基氮掺杂碳点膜的表面覆盖率逐渐增加。24 h 后，柠檬酸基氮掺杂碳点膜的表面覆盖度变化最小。这种稳定性可以归因于柠檬酸基氮掺杂碳点抑制剂在 Q235 碳钢表面的吸附和解吸过程达到了动态平衡，从而保持了稳定的腐蚀效率，从而导致了稳定的腐蚀效率。浸泡 24 h 后，对 NCDs-1、NCDs-2 和 NCDs-3 的抑制率分别为 88.40±0.40%、92.56±0.37% 和 96.63±0.07%。值得注意的是，在整个浸泡过程中，三种柠檬酸基氮掺杂碳点的抑制效率依次为：NCDs-3＞NCDs-2＞NCDs-1。

图 5-7（c）所示为 Q235 碳钢在含有不同浓度三种柠檬酸基氮掺杂碳点的 1 mol/L HCl 溶液中浸泡 24 h 后的腐蚀速率和碳点对应的缓蚀效率。从该图中可以看出，对于三种柠檬酸基氮掺杂碳点，随着添加浓度的升高，碳钢的腐蚀速率均呈现明显降低趋势。对应地，随着添加浓度的升高，碳点的缓蚀效率也明显提高。这是由于，更高浓度的缓蚀剂，通常有利于其在碳钢表面的动态吸附，从而提高其在碳钢表面吸附膜的覆盖面积百分数。此外，图 5-7（d）中，进一步比较了三种柠檬酸基氮掺杂碳点的缓蚀效率。在这三种碳点缓蚀剂中，NCDs-3 表现出最高的缓蚀效率，而 NCDs-1 则为最低。这一结果与图 5-7（b）所示结果一致。

NCDs-3 缓蚀剂不仅具有良好的缓蚀性能，同时还具有较好的长时间稳定性。如图 5-8（a）所示，碳钢在含有 NCDs-3 缓蚀剂的盐酸中，浸泡 6 d 后，NCDs-3 的缓蚀效率仍高达 96.74%。此外，经过 6 d 的浸泡实验，含有 200 mg/L NCDs-3 和 1 mol/L 盐酸的测试溶液保持了良好的清晰度和透明度，没有任何沉淀，如图 5-8（b）所示。这表明 NCDs-3 缓蚀剂在 1 mol/L 盐酸中表现出优异的分散性，持续时间至少为 6 d。

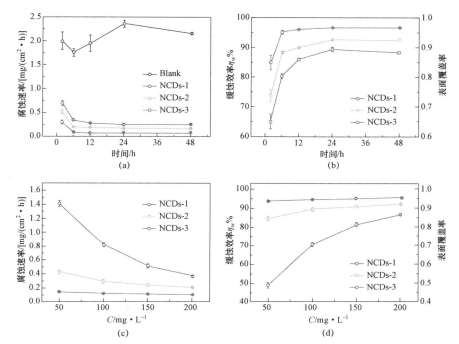

图 5-7　不同浓度和不同浸泡时间下三种柠檬酸基氮掺杂碳点缓蚀行为的比较

（a）Q235 碳钢在含有 200 mg/L 三种 NCDs 和不含 NCDs 的 1 mol/L HCl 中不同浸泡时间下的腐蚀速率；
（b）不同浸泡时间下，三种 NCDs 的缓蚀效率；（c）在含有不同浓度的三种 NCDs（50 mg/L、100 mg/L、
150 mg/L 和 200 mg/L）和不含 NCDs 的 1 mol/L HCl 中浸泡 24 小时后，Q235 碳钢的腐蚀速率；
（d）不同浓度下，三种 NCDs 的缓蚀效率

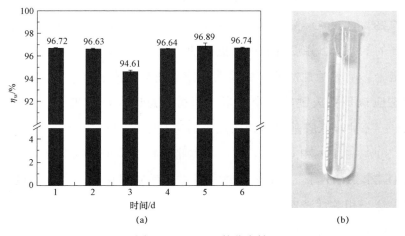

图 5-8　NCDs-3 的稳定性

（a）NCDs-3 的长时间缓蚀效率；（b）碳钢腐蚀 6 d 后含 NCDs-3 的盐酸腐蚀溶液照片

失重测试结果表明，NCDs-3 的缓蚀效果最好，其次是 NCDs-2，而 NCDs-1 的缓蚀效果最差。Cen[25]和 Saraswat[26]的研究分别讨论了碳点缓蚀剂的纳米尺寸和 N 含量对其缓蚀性能的影响。在 Cen 的研究中，他认为 N，S 共掺杂的碳点与传统缓蚀剂相比，表现出较低的缓蚀效率。这是由于碳点的尺寸较大（范围在 10～20 nm），而普通分子缓蚀剂的典型尺寸为 0.1～5 nm。因此，较大的尺寸不利于碳点在溶液中的运动以及在金属表面的吸附。然而，本章透射电镜的表征结果（图 5-4）显示，本研究所制备的三种柠檬酸基氮掺杂碳点具有相似的粒径，平均直径分别为 2.84 nm、2.46 nm 和 2.41 nm。因此，在本研究中，碳点尺寸的大小不能被确定为影响其缓蚀性能的主要因素。关于 N 含量，Saraswat[26]等人发现 N 含量较高的碳点缓蚀剂具有较高的缓蚀效率，在他的研究中，对于 N 原子百分含量为 13.4%的碳点缓蚀剂，125 mg/L 该缓蚀剂对 1 mol/L 盐酸中的碳钢的缓蚀效率为 95.53%（这一数值远高于其制备的 N 原子百分含量为 4.2%的碳点（相同浓度下，缓蚀效率仅为 87.76%）。在本研究中，NCDs-1 中 N 原子百分含量为 4.7%，NCDs-3 的 N 原子百分含量为 7.23%，当其在 1 mol/L 盐酸中的浓度为 200 mg/L 时，缓蚀效率为 88.40%，其缓蚀性能低于 N 原子百分含量为 8.56%的 NCDs-2（NCDs-2 的缓蚀效率为 92.56%）。然而对于 N 原子百分含量为 7.23%的 NCDs-3，其缓蚀效率高达 96.63%。相比于 NCDs-3，含 N 量更高的 NCDs-2 并没有表现出更高的缓蚀效率。这表明，总 N 含量不能被确定为影响缓蚀性能的主要因素。柠檬酸基氮掺杂碳点中 N 原子的存在形态应该是更关键的一个因素。值得注意的是，NCDs-3、NCDs-2、NCDs-1 三种柠檬酸基氮掺杂碳点中的类吡咯 N 的原子百分含量依分别为：2.30%、3.18%和 4.10%。即，其类吡咯 N 含量遵循以下规律：NCDs-3＞NCDs-2＞NCDs-1。类似地，这三种柠檬酸基氮掺杂碳点也满足相同的规律。这一相关性表明，类吡咯 N 的含量对柠檬酸基氮掺杂碳点缓蚀剂的缓蚀性能具有显著的影响。

5.3.2 类吡咯 N 对柠檬酸基氮掺杂碳点抑制碳钢腐蚀电化学过程的影响

图 5-9 为 Q235 碳钢在不含碳点缓蚀剂的 1 mol/L 盐酸和分别含有 200 mg/L NCDs-1、NCDs-2 和 NCDs-3 的盐酸中浸泡不同时间后的开路电位（OCP）值。Q235 在 1 mol/L 盐酸中浸泡 2 h 后的开路电位为 −0.422 V vs.SCE（相对于饱和甘汞电极，SCE），在接下来的 46 h 内逐渐降至 −0.443 V vs.SCE。然而，当 Q235 碳钢分别浸泡在含有 NCDs-1、NCDs-2 和 NCDs-3 的盐酸溶液中 2 h 后，其开路电位分别降至 −0.479 V vs.SCE、−0.482 V vs.SCE 和 −0.486 V vs.SCE。随后，在分别含有三种柠檬酸基氮掺杂碳点的盐酸溶液中，Q235 钢表现出向负方向偏移的趋势。当 Q235 碳钢浸泡在含有 200 mg/L NCDs-3 的盐酸中 48 h 后，其开路电位达到最低值，−0.529 V vs.SCE。同时，当 Q235 碳钢浸泡在含有相同浓度的 NCDs-1 和 NCDs-2 的盐酸中时，其开路电位分别降低至 −0.499 V vs.SCE 和 −0.523 V vs.SCE。这种负移表明三种柠檬酸基氮掺杂碳点碳钢表面腐蚀过程中的氢离子还原反应（阴极反应）具有更强抑制作用，并超过了对金属溶解反应（阳极反应）的抑制作用。开路电位负移越明显，则表明缓蚀剂对腐蚀过程中的阴极极化效果越强。

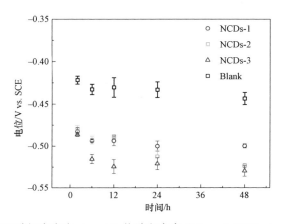

图 5-9　Q235 碳钢在空白 1 mol/L 盐酸和含有 200 mg/L NCDs-1、NCDs-2 和 NCDs-3 的盐酸中浸泡不同时间后的 OCP 值

Q235 碳钢分别在含有不同浓度 NCDs-1、NCDs-2 和 NCDs-3 缓蚀剂的 1 mol/L 盐酸溶液中浸泡 24 h 后的动电位极化曲线分别如图 5-10 所示。表 5-2 总结了由极化曲线得出的关键参数，包括腐蚀电位 E_{corr}、腐蚀电流密度 i_{corr}、阳极 Tafel 斜率 b_a 和阴极 Tafel 斜率 b_c。添加三种柠檬酸基氮掺杂碳点后，Q235 碳钢在 1 mol/L 盐酸中的自腐蚀电流密度 i_{corr} 显著降低，即，柠檬酸基氮掺杂碳点对 Q235 碳钢的腐蚀行为具有显著的抑制作用。并且，随着柠檬酸基氮掺杂碳点浓度的增加，Q235 碳钢的自腐蚀电流密度 i_{corr} 显著降低，这一规律与图 5-7（c）所示的失重测量结果一致。在含有柠檬酸基氮掺杂碳点的 1 mol/L 盐酸中，Q235 碳钢的 b_a 和 $-b_c$ 值均高于空白盐酸溶液中的

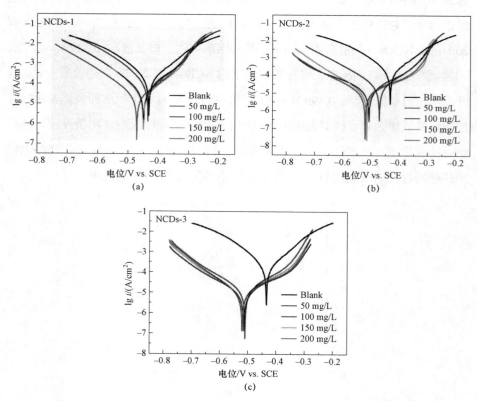

图 5-10　Q235 碳钢在含不同浓度的 1 mol/L HCl 中的动电位极化曲线
（a）NCDs-1；（b）NCDs-2；（c）NCDs-3

Q235碳钢。在柠檬酸基氮掺杂碳点的作用下，b_a和b_c值的增加表明碳点的吸附增加了阳极反应（金属的溶解）和阴极反应（氢离子的还原）的极化程度。表5-2中η_i和θ_i分别为三种柠檬酸基氮掺杂碳点的抑制效率和表面覆盖率。可以看出，柠檬酸基氮掺杂碳点的缓蚀效果随浓度的增加而增强，3种柠檬酸基氮掺杂碳点缓蚀性能的大小顺序为：NCDs-3＞NCDs-2＞NCDs-1。

表5-2 利用 Q235 碳钢在含三种不同浓度柠檬酸基氮掺杂碳点的 1 mol/L 盐酸中测得的动电位极化曲线计算极化参数及相应碳点的缓蚀效率和表面覆盖率

样品	$C/$（mg/L）	$E_{corr}/$（V vs.SCE）	$i_{corr}/$（A/cm²）	$b_c/$（mV·dec⁻¹）	$b_a/$（mV·dec⁻¹）	θ_i	$\eta_i/$%
HCl	—	−0.432	1.07×10^{-4}	−95.89	78.14	—	—
NCDs-1	50	−0.435	5.98×10^{-5}	−90.53	90.09	0.440	44.02
	100	−0.449	3.31×10^{-5}	−92.37	82.10	0.690	69.03
	150	−0.450	2.14×10^{-5}	−87.78	81.90	0.800	79.96
	200	−0.472	1.49×10^{-5}	−98.51	84.89	0.860	85.97
NCDs-2	50	−0.471	1.52×10^{-5}	−105.93	89.48	0.857	85.71
	100	−0.508	1.45×10^{-5}	−156.76	126.15	0.866	86.64
	150	−0.516	1.06×10^{-5}	−112.32	167.14	0.900	90.05
	200	−0.522	9.86×10^{-6}	−130.54	151.05	0.908	90.77
NCDs-3	50	−0.508	9.90×10^{-6}	−124.87	108.14	0.907	90.73
	100	−0.512	8.70×10^{-6}	−140.23	144.05	0.919	91.85
	150	−0.518	7.37×10^{-6}	−120.48	111.38	0.931	93.10
	200	−0.519	5.20×10^{-6}	−110.92	91.89	0.951	95.11

图5-11分别为Q235碳钢在含有不同浓度NCDs-1、NCDs-2和NCDs-3的1 mol/L盐酸溶液中浸泡24 h后的交流阻抗（EIS）测试结果，以奈奎斯特图（Nyquist图）表示。图5-11中的圆点对应实际测量值，对应的拟合值用实线表示。空白盐酸溶液中的测试结果，采用电路$LR_s(Q_{dl}R_{ct})$拟合，而在含有柠檬酸基氮掺杂缓蚀剂的盐酸溶液中的测试结果则采用

LR_s（Q_f（R_f（$Q_{dl}R_{ct}$）））电路模拟[6,9]，如图 5-12 所示。电感为测试过程中所用电化学工作站自带的机械电感；等效电阻 R_s 为测试溶液的欧姆电阻；恒相位角元件 Q_{dl} 表示碳钢和溶液界面上的双电层电容；R_{ct} 表示碳钢表面腐蚀过程中的电子转移电阻；恒相相位角元件 Q_f 和等效电阻 R_f 分别表示柠檬酸基氮掺杂碳点在 Q235 碳钢表面吸附成膜后，对应的吸附膜电容和吸附膜电阻。表 5-3 给出了交流阻抗测试结果的拟合值（L、R_s、R_f、Q_f、n_1、R_{ct}、Q_{dl}、n_2、χ^2）。表 5-3 中的 χ^2 显示了交流阻抗结构中测试值与拟合值的偏差：χ^2 值越小，意味着测试值与拟合值偏差越小。从表 5-3 中可以看出，所有 χ^2 值均小于 9.3×10^{-4}，证实了拟合值与实测值的拟合较好。图 5-11 中的 Nyquist 图显示了 NCDs 浓度对 Q235 碳钢腐蚀行为的影响。表 5-3 中极化电阻 R_p 为膜电阻 R_f 和电子转移电阻 R_{ct} 之和，表示腐蚀过程中电化学反应的总阻抗。随着柠檬酸基氮掺杂碳点浓度的升高，R_p 值显著升高。可见，柠檬酸基氮掺杂碳点缓蚀剂吸附膜对 Q235 碳钢基体的抑制作用主要来自于其自身固有的膜电阻（R_f）和其覆盖作用两方面。其中，覆盖作用增加了 Q235 碳钢腐蚀过程中电荷转移过程的阻力（R_{ct}）。

表 5-3 中，η_R 和 θ_R 分别表示三种柠檬酸基碳点的缓蚀效率和在碳钢表面的覆盖率，可以用下面的公式来确定：

$$\eta_R = \frac{R_p - R_{p0}}{R_p} \times 100\% \tag{5-1}$$

$$\theta_R = \frac{R_p - R_{p0}}{R_p} \tag{5-2}$$

式 5-1 和式 5-2 中的 R_{p0} 和 R_p 分别代表 Q235 碳钢在不含柠檬酸基氮掺杂碳点和含柠檬酸基氮掺杂碳点的 1 mol/L 盐酸中的总极化电阻。表 5-3 显示了柠檬酸基氮掺杂碳点浓度对碳钢在盐酸溶液中腐蚀的抑制作用。结果显示碳点的浓度升高，其缓蚀效率增加。比较三种柠檬酸基氮掺杂碳点，可以发现，在所研究柠檬酸基氮掺杂碳点中，NCDs-3 表现出最有效的缓蚀作用，其次是 NCDs-2，NCDs-1 的缓蚀性能最低。

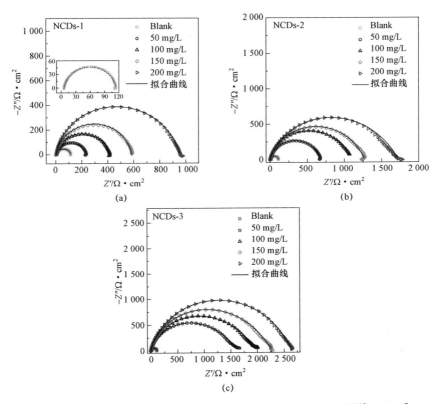

图 5-11　不同浓度（a）NCDs-1、（b）NCDs-2 和（c）NCDs-3 浸泡 24 h 后，
在 1 mol/L HCl 中测量 Q235 碳钢的 Nyquist 图

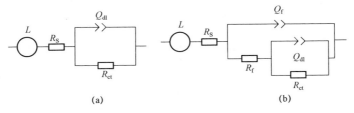

图 5-12　用于拟合测量的 EIS 结果的等效电路

（a）空白盐酸溶液中；（b）含柠檬酸基氮掺杂碳点的盐酸溶液中

表 5-3　Q235 碳钢在含不同浓度柠檬酸基 N 掺杂碳点的 1 mol/L 盐酸溶液中浸泡 24 h 后的 EIS 拟合数据及相应碳点的缓蚀效率和表面覆盖率

样品	C/(mg/L)	L/H	R_s/Ω·cm²	Q_{dl}/S·sⁿ	n_1	R_{ct}/Ω·cm²	Q_{dl}/S·sⁿ	n_2	R_f/Ω·cm²	χ^2	$R_p = R_f + R_{ct}$/Ω·cm²	θ_i	η_i/%
HCl	—	1.24×10^{-7}	5.31	5.81×10^{-4}	0.90	107.7	—	—	—	2.2×10^{-4}	107.7	—	—
NCDs-1	50	9.04×10^{-7}	1.54	3.86×10^{-4}	0.89	229.7	2.59×10^{-6}	0.88	1.9	9.3×10^{-4}	231.63	0.535	53.50
	100	7.57×10^{-7}	2.05	1.75×10^{-4}	0.89	392.5	1.01×10^{-2}	0.84	20.3	1.8×10^{-4}	412.8	0.739	73.91
	150	7.95×10^{-7}	1.45	1.39×10^{-4}	0.90	562.0	1.07×10^{-2}	0.88	26.1	3.5×10^{-4}	588.1	0.817	81.69
	200	8.97×10^{-7}	1.84	5.12×10^{-5}	0.91	843.7	1.40×10^{-3}	0.67	112.8	2.0×10^{-4}	956.5	0.887	88.74
NCDs-2	50	9.37×10^{-7}	1.39	6.52×10^{-5}	0.88	477.8	2.14×10^{-4}	0.69	196.8	8.3×10^{-5}	674.4	0.840	84.03
	100	7.73×10^{-7}	1.86	4.08×10^{-5}	0.89	737.4	8.21×10^{-5}	0.53	360.4	8.3×10^{-5}	1 097.8	0.902	90.19
	150	9.42×10^{-7}	1.21	3.18×10^{-5}	0.91	1 126.0	5.39×10^{-5}	0.61	147.7	1.2×10^{-4}	1 273.7	0.915	91.54
	200	7.67×10^{-7}	1.44	1.98×10^{-5}	0.92	1 518.0	5.82×10^{-5}	0.58	211.6	1.8×10^{-4}	1 729.6	0.938	93.77
NCDs-3	50	9.39×10^{-7}	1.58	1.55×10^{-5}	0.93	1 466.0	6.59×10^{-5}	0.49	172.3	1.2×10^{-4}	1 638.3	0.934	93.43
	100	1.57×10^{-6}	3.05	1.43×10^{-5}	0.93	1 806.0	4.92×10^{-5}	0.50	158.8	8.6×10^{-5}	1 991.8	0.946	94.59
	150	8.96×10^{-7}	1.62	1.56×10^{-5}	0.92	2 008.0	4.14×10^{-6}	0.52	271.0	8.9×10^{-5}	2 279.0	0.953	95.27
	200	8.74×10^{-7}	1.51	1.54×10^{-5}	0.91	2 203.0	2.70×10^{-5}	0.59	438.3	6.8×10^{-5}	2 641.3	0.959	95.92

5.3.3　三种柠檬酸基氮掺杂碳点对碳钢腐蚀形貌的影响比较

Q235 碳钢在 1 mol/L 盐酸中浸泡 24 h，以及在含有 200 mg/L NCDs-1、NCDs-2 和 NCDs-3 的盐酸溶液中浸泡 24 h 后的形貌特征采用扫描电子显微镜进行表征，其结果分别见图 5-13（a）、（b）、（c）和（d）。在这些图中，Q235 碳钢始终表现出全面腐蚀行为。腐蚀严重程度依次为：$Q235_{HCl}$＞$Q235_{NCDs-1}$＞$Q235_{NCDs-2}$＞$Q235_{NCDs-3}$。结果表明，在 3 种柠檬酸基氮掺杂碳点中，NCDs-3 的缓蚀性能最好，NCDs-1 的缓蚀性能最差。从碳钢的腐蚀形貌表征结果可以看出，本研究制备的三种的柠檬酸基氮掺杂碳点都能显著减缓 Q235 碳钢在盐酸溶液中的腐蚀速率，并且类吡咯 N 含量最好的 NCDs-3 缓蚀效果最好，同时，不会改变 Q235 碳钢的基本腐蚀形式。

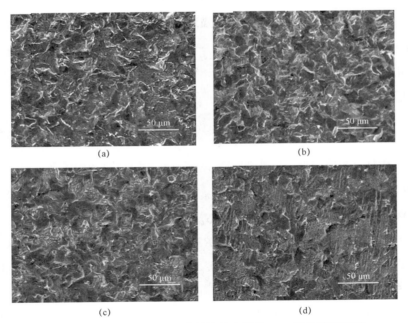

图 5-13　Q235 碳钢在不同腐蚀溶液中浸泡 24 h 后的腐蚀形貌

（a）1 mol/L 盐酸；（b）含 200 mg/L NCDs-1 的 1mol/L 盐酸；（c）含 200 mg/L NCDs-2 的 1 mol/L 盐酸；（d）含 200 mg/L NCDs-3 的 1mol/L 盐酸

5.4 类吡咯 N 对柠檬酸基氮掺杂碳点在 Q235 碳钢表面吸附行为的影响

5.4.1 类吡咯 N 对柠檬酸基氮掺杂碳点吸附性能的影响

为了确定盐酸中，柠檬酸基氮掺杂碳点在碳钢表面的吸附机制，本研究采用了一系列吸附等温线模型，包括 Langmuir、Temkin、El-Awady、Flory-Huggins 和 Freundlich[27]，对失重实验测量得到的结果进行拟合。拟合结果如图 5-14 和图 5-15 所示。根据不同类型吸附等温线模型拟合得到的线性回归系数 R^2 如表 5-4 所示，其中 Langmuir 等温线的 R^2 值最接近 1。这表明 Langmuir 等温线可以更能准确地描述柠檬酸基氮掺杂碳点与钢表面之间的相互作用。

根据 Langmuir 吸附等温线，可计算获得三种柠檬酸基氮掺杂碳点缓蚀剂的吸附平衡常数 K_{ads}，计算公式为[7,28]：

$$\frac{\theta}{1-\theta} = K_{ads}C \tag{5-3}$$

式中，θ 为表面覆盖率，C 为 NCDs 浓度，K_{ads} 为吸附平衡常数。NCDs-1、NCDs-2 和 NCDs-3 的吸附平衡常数 K_{ads} 的计算值分别为 17.40 L/g、154.41 L/g 和 603.65 L/g。此外，吸附自由能 ΔG_{ads}^0 可由式 5-3 确定[7,28]：

$$\Delta G_{ads}^0 = -RT(100K_{ads}) \tag{5-4}$$

式中 R 为气体摩尔常数（8.314 J/（mol·K）），T 为绝对温度（298 K）。在式 5-4 中，水的浓度为 1 000 g/L。由此，可计算出 NCDs-1、NCDs-2 和 NCDs-3 的吸附自由能 ΔG_{ads}^0 值，分别为 −24.19 kJ/mol、−29.61 kJ/mol 和 −32.99 kJ/mol。这些吸附自由能的值处于 −20～−40 kJ/mol 范围内，表明 NCDs 与 Q235 碳钢表面的相互作用既包括化学吸附也包括物理吸附[29-31]。在三种柠檬酸基氮掺杂碳点中，NCDs-3 吸附自由能 ΔG_{ads}^0 的值最负，NCDs-1

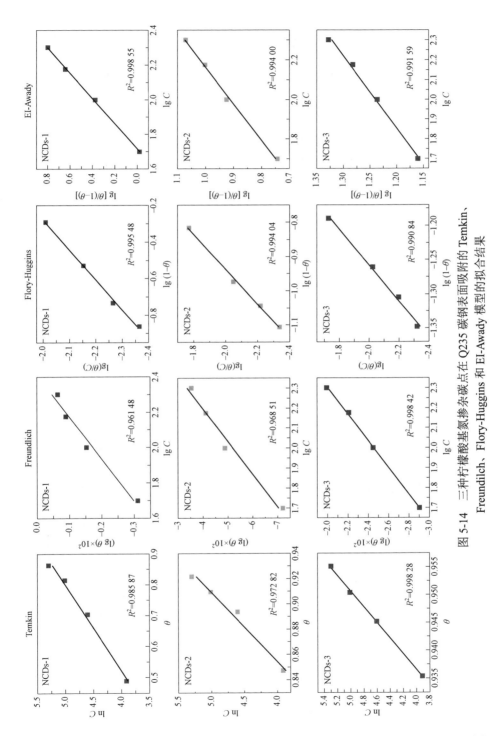

图 5-14　三种柠檬酸基氮掺杂碳点在 Q235 碳钢表面吸附的 Temkin、Freundlich、Flory-Huggins 和 El-Awady 模型的拟合结果

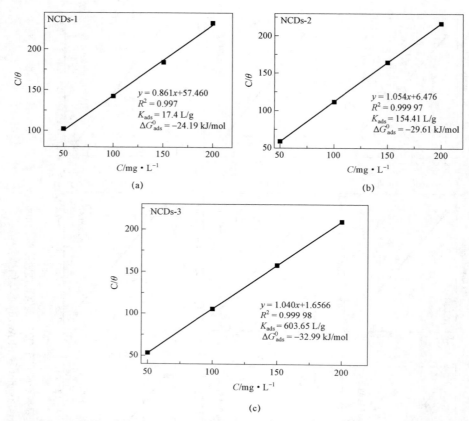

图 5-15　三种柠檬酸基氮掺杂碳点在 Q235 碳钢表面吸附的 Langmuir 模型及参数
（a）NCDs-1；（b）NCDs-2；（c）NCDs-3

表 5-4　NCDs-1、NCDs-2 和 NCDs-3 在 1 mol/L HCl 中的吸附等温线模型

吸附等温方程	线性方程	样品	R^2
Langmuir	$\dfrac{C_{inh}}{\theta} = C_{inh} + \dfrac{1}{K_{ads}}$	NCDs-1	0.997
		NCDs-2	0.999 97
		NCDs-3	0.999 98
Temkin	$\ln C_{inh} = \alpha\theta - \ln K_{ads}$	NCDs-1	0.985 87
		NCDs-2	0.972 82
		NCDs-3	0.998 28
Freundlich	$\lg\theta = n\lg C_{inh} + \lg K_{ads}$	NCDs-1	0.961 48
		NCDs-2	0.968 51
		NCDs-3	0.998 42

续表

吸附等温方程	线性方程	样品	R^2
El-Awady	$\lg \dfrac{\theta}{1-\theta} = y \lg C_{inh} + \lg K'$	NCDs-1	0.998 55
		NCDs-2	0.994 00
		NCDs-3	0.991 59
Flory-Huggins	$\lg \dfrac{\theta}{C_{inh}} = x \lg (1-\theta) + \lg (x K_{ads})$	NCDs-1	0.995 48
		NCDs-2	0.994 04
		NCDs-3	0.990 84

吸附自由能 ΔG_{ads}^0 的值最正。结果表明，NCDs-3 在 Q235 碳钢表面具有较强的吸附亲和力，而 NCDs-1 在 Q235 碳钢表面的吸附性能最差。由此可见，类吡咯 N 能够提高柠檬酸基氮掺杂碳点在 Q235 碳钢表面的吸附能力，从而提高其对碳钢腐蚀的抑制效果。

从与已发表的文献中碳点缓蚀剂的比较角度来看，本研究中的 NCDs-3 的缓蚀效率及其 K_{ads} 和 ΔG_{ads}^0 值比大多数已报道的碳点好，特别是在低浓度下，如表 5-5 所示。

表 5-5　NCDs-3 与其他已报道碳点缓蚀剂缓蚀性能的比较

CDs	溶液	金属种类	最大 K_{ads} / （L/g）	ΔG_{ads}^0 / （kJ/mol）	C/ （mg/L）	最大缓蚀效率 η/%	ref
N-CDs	1 mol/L HCl	Carbon steel	52.0	−26.94	50	75.21	[4]
					100	90.10	
					150	94.52	
					200	97.43	
o-CDs	1 mol/L HCl	Q235 carbon steel	657.9	−33.19	10	0.00	[3]
					50	73.00	
					100	89.00	
					200	94.00	
N-CDs	1 mol/L HCl	Q235 carbon steel	91.24	−28.29	25	76.30	[9]
					50	78.51	
					100	88.18	
					200	94.96	

CDs	溶液	金属种类	最大 K_{ads} / (L/g)	ΔG^0_{ads} / (kJ/mol)	C/ (mg/L)	最大缓蚀效率 η/%	ref
N-CDs	1 mol/L HCl	Q235 carbon steel	78.86	−27.94	25	72.59	[6]
					50	74.55	
					100	88.93	
					200	93.93	
N, S-CDs	15%HCl	Carbon steel	567.9	−32.8	25	87.10	[27]
					50	93.70	
					100	96.00	
					200	96.40	
NCQDs	1 mol/L HCl	Q235 carbon steel	965.2	−34.1	10	84.60	[23]
					15	86.40	
					100	90.80	
					150	91.30	
C_8-CDs	1 mol/L HCl	N80 carbon steel	2150.54	−36.12	5	87.60	[32]
					50	92.00	
					100	92.10	
					150	92.60	
NCDs	1 mol/L HCl	Q235 carbon steel	1083.07	−34.43	5	87.60	[33]
					10	89.60	
					50	91.80	
					100	93.70	
NCDs	1 mol/L HCl	N80 carbon steel	24.75	−28.859	50	75.30	[34]
					100	88.40	
					200	93.20	
NCDs	1 mol/L HCl	Q235 carbon steel	603.65	−32.99	50	93.54	This work
					100	94.52	
					150	95.04	
					200	95.51	

　　为了进一步确定腐蚀温度对三种柠檬酸基氮掺杂碳点缓蚀性的影响，本研究采用失重法，分别测定了 Q235 碳钢在含有 200 mg/L NCDs-1、NCDs-2

和 NCDs-3 的 1 mol/L 盐酸溶液中，在 35 ℃、45 ℃和 55 ℃温度下的腐蚀速率。然后计算得到相应的缓蚀效率，结果如图 5-16 所示。其中图 5-16（a）为 Q235 碳钢的腐蚀速率，图 5-16（b）为柠檬酸基氮掺杂碳点相应的缓蚀效率。从这些图中可以明显看出，随着腐蚀温度的升高，Q235 碳钢在含有三种不同柠檬酸基氮掺杂碳点的 HCl 溶液中的腐蚀速率也加快了（图 5-16（a））。相应的，三种柠檬酸基氮掺杂碳点的缓蚀效率随温度的升高而降低。其中，NCDs-3 的缓蚀效率在 25 ℃时达到 96.63%，在 45 ℃时保持在 90%以上（90.89%），但当浸泡温度上升到 55 ℃时，其缓蚀效率迅速下降到 76.91%。此外，在任意温度下，NCDs-1、NCDs-2 和 NCDs-3 的缓蚀效率仍旧保持以下关系：NCDs-1＜NCDs-2＜NCDs-3。可见，在升高腐蚀温度后，类吡咯 N 对柠檬酸基氮掺杂碳点的缓蚀性能仍旧好于氨基 N 和季铵 N。

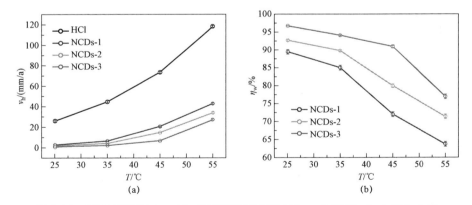

图 5-16　Q235 碳钢在 1 mol/L 盐酸和分别含有 200 mg/L NCDs-1，NCDs-2 和
NCDs-3 的盐酸溶液中，在不同腐蚀温度（35℃、45℃和 55℃）下的
腐蚀速率和对应的三种柠檬酸基氮掺杂碳点的缓蚀效率
（a）Q235 碳钢的腐蚀速率；（b）三种柠檬酸基氮掺杂碳点的相应缓蚀效率

根据得到的腐蚀速率结果，进一步计算碳钢在盐酸溶液及含有碳点的盐酸溶液中腐蚀的过程中，相关反应的反应活性和热力学参数。其中，可根据阿伦尼乌斯方程（式 5-5）计算腐蚀过程的表观激活能（E_a）[26,35]：

$$\ln v_h = -\frac{E_a}{RT} + \ln A \tag{5-5}$$

式中 v_h 为 Q235 碳钢的腐蚀速率，单位为 mm/年，A 为反应速率常数，R 为气体常数 [8.314 J/（mol·K）]，T 为绝对温度。图 5-17（a）分别以 "1 000/T" 和 "lnv_h" 为横、纵坐标作直线图，通过该直线图的斜率，计算得到金属阳极溶解反应的表观激活能（E_a）。金属阳极溶解反应的激活焓（ΔH_a）和激活熵（ΔS_a）值由过渡态方程确定[26,35]：

$$\ln\left(\frac{v_h}{T}\right) = -\frac{\Delta H_a}{RT} + \frac{\Delta S_a}{R} + \ln\frac{R}{Nh} \tag{5-6}$$

式中，N 为阿伏加德罗常数（6.022×10^{23}），h 为普朗克常数（6.626×10^{-34} J·s）。图 5-17（b）分别以 $1/T$ 和 ln（v_h/T）为横、纵坐标作直线图，由图中直线的斜率和截距分别可以计算得到 Q235 碳钢在腐蚀过程中的反应焓变（ΔH_a）和熵变（ΔS_a）。

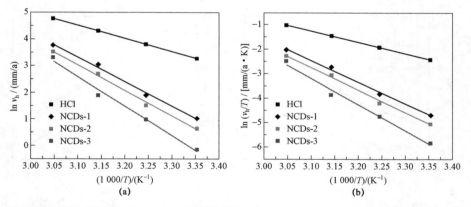

图 5-17　Q235 碳钢在 1 mol/L HCl 溶液和加入 200 mg/L NCDs-1、NCDs-2 和 NCDs-3 的 1 mol/L 盐酸溶液中，在不同腐蚀温度下的腐蚀所得的阿伦尼乌斯图和过渡态图
（a）阿伦尼乌斯图；（b）过渡态图

表 5-6 列出了不同温度下的碳钢在盐酸溶液和含碳点的盐酸溶液中的腐蚀表观激活能 E_a、焓变 ΔH_a 和熵变 ΔS_a。在空白盐酸和分别含有 NCDs-1、NCDs-2 和 NCDs-3 的盐酸中，Q235 碳钢腐蚀过程中的表观激活能 E_a 遵循

以下规律：NCDs-3＞NCDs-2＞NCDs-1＞HCl。E_a 值的升高通常会导致腐蚀速率的减慢。这说明 NCDs 在 Q235 碳钢表面的吸附减缓了其腐蚀过程。Q235 碳钢腐蚀过程中的反应焓变 ΔH_a 值为正值表明 Q235 碳钢的腐蚀是一个吸热过程。在含有 NCDs-3 的 HCl 溶液中测得的反应熵变 ΔS_a 值比含有 NCDs-1 或 NCDs-2 的 HCl 中测得的值更正，这表明 NCDs-3 的吸附比 NCDs-1 和 NCDs-2 可以从 Q235 碳钢表面去除更多的吸附水分子[26]。

表 5-6　不同温度下的碳钢在盐酸溶液和含碳点的盐酸溶液中的
腐蚀表观激活能 E_a、焓变 ΔH_a 和熵变 ΔS_a

样品	$E_a/$（kJ/mol）	$\Delta H_a/$（kJ/mol）	$\Delta S_a/$［J/（mol·K）］
HCl	40.80	38.198 42	−89.640 2
NCDs-1	76.08	73.484 95	10.222 01
NCDs-2	79.68	77.084 83	18.580 66
NCDs-3	91.64	89.046 02	51.948 98

5.4.2　基于密度泛函理论（DFT）揭示类吡咯氮掺杂对柠檬酸碳点缓蚀性能的影响机理

为了进一步定量地解释本研究制备的柠檬酸基氮掺杂碳点中类吡咯 N、氨基 N 和季铵 N 对其缓蚀性能的影响机理，本研究采用了基于密度泛函理论（Density Functional Theory，DFT）的计算方法。首先，本研究以类石墨烯模型建立了未掺杂碳点的模型，碳点的"内核"是具有六元环结构的共轭结构，C 原子之间由 sp^2 轨道成键，碳点边界采用 H 原子补全键结构。随后，在此碳点模型的基础上，分别增加 1 到 4 个类吡咯 N、氨基 N 和季铵 N，如图 5-18、图 5-19 和图 5-20 所示，分别模拟不同种类氮掺杂后的柠檬酸基氮掺杂碳点，以揭示类吡咯 N、氨基 N 和季铵 N 对柠檬酸基氮掺杂碳点缓蚀性能的影响。

柠檬酸基氮掺杂碳点的缓蚀行为从根本上与它们在 Q235 碳钢表面的吸附行为有关，而两者的吸附过程又与碳钢和柠檬酸基氮掺杂碳点之间的电子转移过程有着复杂的联系。根据前线分子轨道理论的原理，柠檬酸基氮掺杂碳点的性质主要受最高已占据分子轨道（Highest occupied molecular orbital，HOMO）和最低未占据分子轨道（Lowest unoccupied molecular orbital，LUMO）的支配。HOMO 决定了碳点的给电子能力，HOMO 越高，则代表碳点的给电子能力越强；而 LUMO 表征的是碳点接受电子的能力，LUMO 越低，则代表碳点的接受电子能力越强。在这种情况下，本研究分析了具有不同 N 形式的柠檬酸基氮掺杂碳点的 HOMO/LUMO 能级，以阐明 N 种类对柠檬酸基氮掺杂碳点电子结构的调节方式，以及随后进而影响其与碳钢表面的吸附相互作用。

图 5-18 为类吡咯 N 对柠檬酸基氮掺杂碳点的电子轨道结构影响的计算结果。从该图中可以看出，未掺杂柠檬酸基杂碳点的 HOMO 和 LUMO 在其表面都是均匀分布的。有趣的是，当把 1 个类吡咯氮掺杂进入该模型，并形成了一个类吡咯氮掺杂碳点的新模型后，可以发现，新模型表面的 HOMO 和 LUMO 的空间分布发生了明显的变化，并且 HOMO 并不完全集中在类吡咯 N 周围。随后，对该模型继续增加类吡咯 N 的数量，随着类吡咯 N 数量的增加，HOMO（E_{HOMO}）的能量呈上升趋势。这表明，随着类吡咯 N 数量的上升，柠檬酸基氮掺杂碳点能的给电子能力增强。这可能是由于类吡咯 N 原子高能量的 p_z 轨道与"碳核"上 π 轨道的法线方向平行，因此，N 原子上的 p_z 轨道能够与"碳核"上的 π 轨道重叠，N 原子上的孤对电子在整个共轭体系的环上发生离域从而发生了强烈的 p-π 共轭作用[36]，有助于 HOMO 的均匀分布，并且进一步地，p-π 共轭现象影响了"碳核"上 π 轨道的能量。

同样地，氨基 N 和季铵 N 虽然也能够引起"碳核"上 HOMO 和 LUMO 的能量和分布位置的变化，但同时，这两种 N 附近也都没有出现 HOMO 值和 LUMO 的富集。柠檬酸基氮掺杂碳点中 HOMO 和 LUMO 的空间分布对应于其在吸附过程中有利于与碳钢表面结合的反应区域。具体来说，代表柠檬酸基氮掺杂碳点中拥有最高能量电子的区域的 HOMO 在吸附过程中起

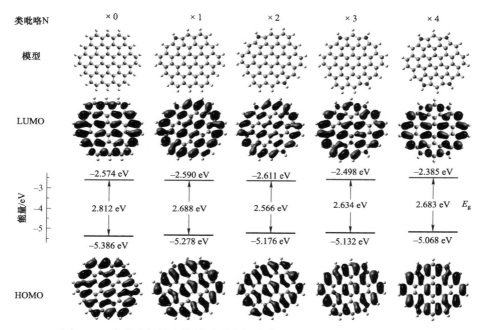

图 5-18　类吡咯氮掺杂柠檬酸碳点的密度泛函理论（DFT）计算结果
（分子结构、HOMO、LUMO 及其能量差）

着关键的电子给能作用。如图 5-18、图 5-19 和图 5-20 所示，柠檬酸基氮掺杂碳点在掺入类吡咯 N、氨基 N 和季铵 N 后，其表面的 HOMO 是均匀分布的，并且主要分布于其"碳核"上。这意味着，对于柠檬酸基氮掺杂碳点来说，其在 Q235 碳钢表面的吸附主要是通过将其 π 电子供给 Fe 原子上完成的；并且由于 HOMO 分布的均匀性，可以推断柠檬酸基氮掺杂碳点在碳钢表面上的吸附主要是以平行吸附为主。

　　氨基 N 和季铵 N 改变柠檬酸基氮掺杂碳点 HOMO 和 LUMO 分布的同时，也改变了它们的能量大小。图 5-19 显示，单个氨基 N 原子的掺入同样能够提高碳点表面 HOMO 的能量，并降低 LUMO 的能量。并且随着氨基 N 数量的提高，碳点 HOMO 的能量呈上升趋势；同时 LUMO 的能量呈下降趋势，这均有利于提高碳点的给电子能力和得电子能力。但是，它对"碳核"HOMO 的影响比类吡咯 N 的低。季铵 N 能够显著影响柠檬酸基氮掺杂碳点中"碳核"上 HOMO 和 LUMO 的能量。如图 5-20 所示，掺杂季铵 N 后，碳核上 HOMO 和 LUMO 的能量均发生了剧烈的变化。但是可以看出季铵 N 上 HOMO 的能量是降低的，这不利于 π 电子由碳点到碳钢表面的转移。

为了进一步比较三种 N 对柠檬酸基氮掺杂碳点吸附性能的影响，需要根据目前所得的 HOMO 和 LUMO 能量计算各模型的关于吸附的几个重要参数，其结果如表 5-7 所示。表 5-7 中 E_g 为未掺杂碳点或柠檬酸基氮掺杂碳点的 HOMO 能量（E_{HOMO}）与 LUMO 能量（E_{LUMO}）之差：

$$E_g = E_{HOMO} - E_{LUMO} \tag{5-7}$$

碳点的电离势（I）和电子亲和力（A）的值通常分别可以近似为 E_{HOMO} 和 E_{LUMO}：

$$I = -E_{HOMO} \tag{5-8}$$

$$A = -E_{LUMO} \tag{5-9}$$

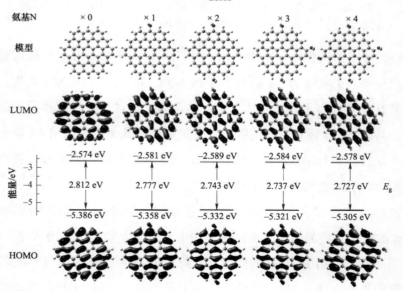

图 5-19　氨基氮掺杂柠檬酸碳点的密度泛函理论（DFT）计算结果
（分子结构、HOMO、LUMO 及其能量差）

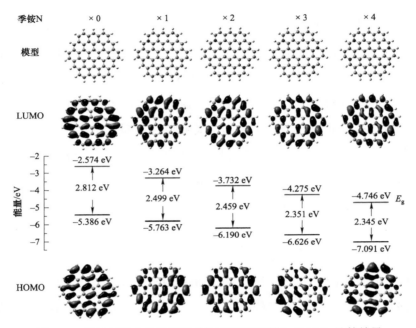

图 5-20　季铵氮掺杂柠檬酸碳点的密度泛函理论（DFT）计算结果
（分子结构、HOMO、LUMO 及其能量差）

这样，根据这两个近似值可以进一步算出碳点的电负性（χ）和化学硬度（η）：

$$\chi = -\frac{I+A}{2} = -\frac{E_{HOMO}+E_{LUMO}}{2} \tag{5-10}$$

$$\eta = -\frac{I-A}{2} = \frac{E_{LUMO}-E_{HOMO}}{2} \tag{5-11}$$

参数 ΔN 表示未掺杂碳点或柠檬酸基氮掺杂碳点向 Q235 碳钢表面转移的电子数，可由下式计算得出：

$$\Delta N = \frac{\chi_{Fe}-\chi_{inh}}{2(\eta_{Fe}+\eta_{inh})} \tag{5-12}$$

式中，χ_{Fe} 和 χ_{inh} 分别为碳钢和缓蚀剂的绝对电负性；η_{Fe} 和 η_{inh} 分别表示它们的化学硬度。χ_{Fe} 为多晶 Fe 功函数的实验值，通常取 4.5 eV，η_{Fe} 的值为 0 eV[55]。

表 5-7 中，E_g 值是反映缓蚀剂反应活性的重要参数之一。E_g 值较低的缓蚀剂通常表现出更强的反应活性，促进与金属表面更好的相互作用，因此，E_g 值较低意味着缓蚀剂更有可能吸附在金属表面上[37]。由表 5-7 可知，与未掺杂的碳点相比（$E_g = 2.812$ eV），掺杂了类吡咯 N 原子的柠檬酸基氮掺杂碳点具有更低的 E_g 值，并且随着类吡咯 N 数量的增加，E_g 值下降。掺杂有 1、2、3、4 个类吡咯 N 的碳点模型所对应的 E_g 分别为 2.688 eV、2.566 eV、2.634 eV 和 2.683 eV。这表明类吡咯 N 可以通过提高柠檬酸基碳点反应活性来增强其在碳钢表面的吸附能力。

参数 ΔN 是评估缓蚀剂吸附能力的另一个重要指标。最初，它的提出是为了阐明路易斯碱和路易斯酸之间的电子转移过程，描述两者之间稳定键的形成。正的 ΔN 值表示电子从路易斯碱转移到路易斯酸，而负值则表示电子由路易斯酸转移到路易斯碱[38]。通常，金属被认为是路易斯酸，而缓蚀剂作为路易斯碱。而具有较高正 ΔN 值的缓蚀剂，一般会表现出更强的给电子能力，更容易将电子转移到金属表面[37,39]。在表 5-7 中，含有类吡咯 N 的柠檬酸基氮掺杂碳点的 ΔN 值均为正值，这表明它们具有通过向碳钢提供电子而吸附到金属表面的能力。值得注意的是，类吡咯氮掺杂的柠檬酸基碳点的 ΔN 值正于未掺杂的柠檬酸基碳点（未掺杂的柠檬酸基碳点的 ΔN 为 0.185）。并且，随着类吡咯 N 数量的提高，ΔN 值升高。掺杂有 1、2、3、4 个类吡咯 N 的碳点模型所对应的 ΔN 值分别为 0.211、0.236、0.260 和 0.288。这表明类吡咯氮掺杂增强了柠檬酸基氮掺杂碳点的给电子能力，进而增强了它们在碳钢表面的吸附性能。

对于氨基 N 来说，表 5-7 中计算所得的相关参数显示，与未掺杂的柠檬酸基碳点相比，氨基 N 的掺入同样降低了柠檬酸基碳点的 E_g。并且随着氨基 N 数量的增加，E_g 值呈下降趋势。掺杂有 1、2、3、4 个氨基 N 的碳点模型所对应的 E_g 分别为 2.777 eV、2.743 eV、2.737 eV 和 2.727 eV。这表明，氨基 N 同样可以增加碳点的吸附活性。同时，氨基氮掺杂的柠檬酸基碳点的 ΔN 值也正于未掺杂的柠檬酸基碳点。并且，随着类吡咯 N 数量的提高，ΔN 值升高。掺杂有 1、2、3、4 个类吡咯 N 的碳点模型所对应的 ΔN 值分别为 0.191、0.197、0.200 和 0.205。这表明氨基 N 的掺杂同样可以增强柠檬酸基氮掺杂碳点的给电子能力，进而增强了其在碳钢表面的吸附性能。

观察季铵 N 可以发现，季铵 N 的掺杂可以强烈地降低柠檬酸基碳点的 E_g。掺杂有 1、2、3、4 个氨基 N 的碳点模型所对应的 E_g 分别为 2.499 eV、2.459 eV、2.351 eV 和 2.345 eV。这表明季铵 N 的掺杂能够有效提高柠檬酸基碳点的反应活性，这有利于其在 Q235 碳钢表面的吸附。然而，值得注意的是，季铵氮掺杂的柠檬酸基碳点的 ΔN 值为负值。这一结果表明当碳点中含有过多季铵 N 时，电子会由碳钢向碳点转移，即将促进碳钢在盐酸溶液中的溶解过程，碳点不能起到有效的缓蚀效果。

综上，根据利用密度泛函理论（DFT）计算结果显示，类吡咯 N、氨基 N 和季铵盐-N 都具有独特的电子性质。在柠檬酸基碳点中掺入类吡咯 N 和氨基 N 均可以降低其 E_g 值，并升高 ΔN 值，即这两种 N 均可以通过明增强碳点的反应活性和给电子能力，促进碳点在碳钢表面的吸附作用。但是，对比也可以发现，氨基 N 在降低 E_g 和增加 ΔN 方面的效果不如类吡咯 N，因此其对柠檬酸基氮掺杂碳点的吸附行为的促进作用也小于类吡咯 N。值得注意的是，掺有季铵 N 的柠檬酸基碳点表现出最低的 E_g 值，然而，它们的 ΔN 值是负的，这可能归因于季铵 N 原子上的正电荷[24]。这个负值 ΔN 表示掺杂有季铵 N 的碳点亲电性增加，这是一个可能加速碳钢腐蚀过程的因素。

表 5-7　CDs 和 NCDs 的 HOMO 和 LUMO 能（eV）、ELUMO-EHOMO 能隙（ΔE）、电子亲和力（A）、电离势（I）、电负性（χ）、硬度（η）和转移电子数（ΔN）

样品	E_{LUMO}/eV	E_{HOMO}/eV	能隙 E_g/eV	电子亲和力 A/eV	电离势 I/eV	电负性 χ/eV	硬度 η/eV	转移电子数 ΔN
CDs	−2.574	−5.386	2.812	5.386	2.574	3.980	1.406	0.185
含 1 个类吡咯 N 的 NCDs	−2.590	−5.278	2.688	2.590	5.278	3.934	1.344	0.211
含 2 个类吡咯 N 的 NCDs	−2.611	−5.176	2.566	2.611	5.176	3.893	1.283	0.236

续表

样品	$E_{\text{LUMO}}/$ eV	$E_{\text{HOMO}}/$ eV	能隙 E_g/eV	电子亲和力 A/eV	电离势 I/eV	电负性 χ/eV	硬度 η/eV	转移电子数 ΔN
含 3 个类吡咯 N 的 NCDs	−2.498	−5.132	2.634	2.498	5.132	3.815	1.317	0.260
含 4 个类吡咯 N 的 NCDs	−2.385	−5.068	2.683	2.385	5.068	3.727	1.342	0.288
含 1 个氨基 N 的 NCDs	−2.581	−5.358	2.777	2.581	5.358	3.970	1.389	0.191
含 2 个氨基 N 的 NCDs	−2.589	−5.332	2.743	2.589	5.332	3.961	1.371	0.197
含 3 个氨基 N 的 NCDs	−2.584	−5.321	2.737	2.584	5.321	3.952	1.368	0.200
含 4 个氨基 N 的 NCDs	−2.578	−5.306	2.727	2.578	5.306	3.942	1.364	0.205
含 1 个季铵 N 的 NCDs	−3.264	−5.763	2.499	3.264	5.763	4.513	1.250	−0.005
含 2 个季铵 N 的 NCDs	−3.732	−6.190	2.459	3.732	6.190	4.961	1.229	−0.188
含 3 个季铵 N 的 NCDs	−4.275	−6.626	2.351	4.275	6.626	5.451	1.176	−0.404
含 4 个季铵 N 的 NCDs	−4.746	−7.091	2.345	4.746	7.091	5.918	1.172	−0.605

5.5　含类吡咯 N 的柠檬酸基氮掺杂碳点
对碳钢腐蚀的抑制机理

含类吡咯 N 的柠檬酸基氮掺杂碳点在 HCl 溶液中抑制碳钢腐蚀的机理如图 5-21[40]所示。首先碳钢在这种酸性环境中发生析氢腐蚀，其中阳极反应为 Fe 原子的阳极溶解（Fe→Fe^{2+}＋2e），阴极反应为氢离子的还原（$2H^+$＋2e→H_2）。其具体过程为：受极性水分子水化作用的影响，碳钢表面的 Fe 原子转化为 Fe^{2+}离子，随后离开晶格，溶解在溶液中。留在晶格中的电子被吸附在碳钢表面的 H^+离子捕获，将 H^+离子还原成氢原子，进而形成氢气。这样连续的阴极和阳极反应导致碳钢表面发生快速的析氢腐蚀。在盐酸溶液中引入柠檬酸基氮掺杂碳点后，它们通过热运动迁移到碳钢表面，并通过将 π 电子给到界面处 Fe 原子，形成配位键的方式，平行吸附于碳钢表面。一旦足够数量的柠檬酸基氮掺杂碳点吸附在碳钢表面，它们就会在碳钢表面形成一层保护膜。该膜在碳钢与盐酸溶液的界面处起着有效的屏障作用，通过阻止碳钢与水分子和 H^+ 离子的直接接触，既抑制了铁原子的溶解，又抑制了 H^+ 离子的还原。柠檬酸基氮掺杂的三种 N：类吡咯 N、氨基 N 和季铵 N 均可以通过改变碳点的 π 电子轨道结构改变碳点在碳钢表面的吸附能力，从而对其缓蚀性能起到一定程度的影响。其中，类吡咯 N 和季铵 N 两种 N，由于其 p_z 轨道与"碳核"的 π 轨道平行，能够形成有效的 p-π 共轭，能够显著改变碳点的 HOMO 和 LUMO 的能量，降低碳点的 E_g，提高碳点的活性。这有利于提高碳点在碳钢表面的吸附性能。其中，类吡咯 N 的 p_z 轨道的孤对电子能够离域到"碳核"的 π 轨道上，从而提高碳点的给电子能力，进一步提高碳点在碳钢表面的吸附性能。而季铵 N 由于其自身的正电性，降低了碳点给电子能力，这反而会促进碳钢的溶解。另一方面，氨基 N 原子在增加柠檬酸基碳点的吸附性能方面较弱，这是因为其 p_z 轨道上与"碳核"π 轨道的法线方向呈一定角度，因此不能形成有效的 p-π 共轭。

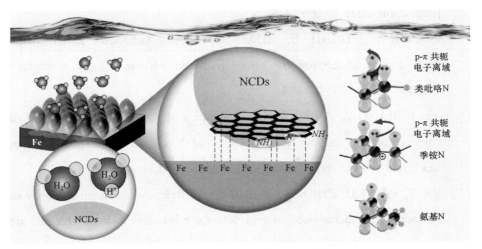

图 5-21　含类吡咯 N 的柠檬酸基氮掺杂碳点对碳钢腐蚀的抑制机理图[40]

综上，比较柠檬酸基氮掺杂碳点中的三种 N，类吡咯 N 是可以提高其缓蚀性能的最有效 N 种类。因此，通过精细调控柠檬酸基碳点中 N 的种类，有意提高类吡咯 N 含量，将有望提高柠檬酸基氮掺杂碳点的缓蚀性能。

参考文献

［1］王晶，王斯琰，张崇，等. 氮掺杂对碳纳米颗粒缓蚀性能的影响［J］. 中国腐蚀与防护学报，2022，42(1): 85-192.

［2］HE H, SHI J, YU S, et al. Exploring green and efficient zero-dimensional carbon-based inhibitors for carbon steel: From performance to mechanism[J]. Construction and Building Materials, 2024, 411: 134334.

［3］CUI M, REN S, ZHAO H, et al. Novel nitrogen doped carbon dots for corrosion inhibition of carbon steel in 1 M HCl solution[J]. Applied Surface Science, 2018, 443: 145-156.

［4］LIU Z, YE Y, CHEN H. Corrosion inhibition behavior and mechanism of N-doped carbon dots for metal in acid environment[J]. Journal of cleaner production, 2020, 270: 122458.

［5］QIANG Y, ZHANG S, ZHAO H, et al. Enhanced anticorrosion performance of copper by novel N-doped carbon dots[J]. Corrosion Science, 2019, 161: 108193.

［6］YE Y, JIANG Z, ZOU Y, et al. Evaluation of the inhibition behavior of carbon dots on carbon steel in HCl and NaCl solutions[J]. Journal of Materials Science & Technology, 2020, 43: 144-153.

［7］YE Y, YANG D, CHEN H, et al. A high-efficiency corrosion inhibitor of N-doped citric acid-based carbon dots for mild steel in hydrochloric acid environment[J]. Journal of Hazardous Materials, 2020, 381: 121019.

［8］YE Y, ZHANG D, ZOU Y, et al. A feasible method to improve the protection ability of metal by functionalized carbon dots as environment-friendly corrosion inhibitor[J]. Journal of Cleaner Production, 2020, 264: 121682.

［9］ YE Y, ZOU Y, JIANG Z, et al. An effective corrosion inhibitor of N doped carbon dots for Q235 steel in 1 M HCl solution[J]. Journal of Alloys and Compounds, 2020, 815: 152338.

［10］ PILLAR-LITTLE T, KIM D Y. Differentiating the impact of nitrogen chemical states on optical properties of nitrogen-doped graphene quantum dots[J]. RSC advances, 2017, 7(76): 48263-48267.

［11］ BERDIMURODOV E, VERMA D K, KHOLIKOV A, et al. The recent development of carbon dots as powerful green corrosion inhibitors: A prospective review[J]. Journal of Molecular Liquids, 2022, 349: 118124.

［12］ WANG T, CAO S, SUN Y, et al. Ionic liquid-assisted preparation of N, S-rich carbon dots as efficient corrosion inhibitors[J]. Journal of Molecular Liquids, 2022, 356: 118943.

［13］ WANG H, HAYDEL P, SUI N, et al. Wide emission shifts and high quantum yields of solvatochromic carbon dots with rich pyrrolic nitrogen[J]. Nano Research, 2020, 13: 2492-2499.

［14］ PAPAIOANNOU N, TITIRICI M-M, SAPELKIN A. Investigating the effect of reaction time on carbon dot formation, structure, and optical properties[J]. ACS omega, 2019, 4(26): 21658-21665.

［15］ WANG H, HAYDEL P, SUI N, et al. Wide emission shifts and high quantum yields of solvatochromic carbon dots with rich pyrrolic nitrogen[J]. Nano Research, 2020, 13: 2492-2499.

［16］ REN J, MALFATTI L, INNOCENZI P. Citric acid derived carbon dots, the challenge of understanding the synthesis-structure relationship[J]. Journal of Carbon Research, 2020, 7(1): 2.

［17］ ZHANG B, WANG B, USHAKOVA E V, et al. Assignment of Core and Surface States in Multicolor-Emissive Carbon Dots[J]. Small, 2023, 19(31): 2204158.

［18］ ZHANG Y, WANG Y, FENG X, et al. Effect of reaction temperature on structure and fluorescence properties of nitrogen-doped carbon dots[J]. Applied Surface Science, 2016, 387: 1236-1246.

［19］ WANG Z, SHEN J, XU B, et al. Thermally driven amorphous-crystalline phase transition of carbonized polymer dots for multicolor room-temperature phosphorescence[J]. Advanced Optical Materials, 2021, 9(16): 2100421.

［20］ DAI R, HU Y. Green/red dual emissive carbon dots for ratiometric fluorescence detection of acid red 18 in food[J]. Sensors and Actuators B: Chemical, 2022, 370: 132420.

［21］ PARK S J, YANG H K, MOON B K. Correlated color temperature alteration with changing the position of carbon dot film for warm WLEDs[J]. Dyes and Pigments, 2021, 186: 109063.

［22］ PILLAR-LITTLE T, KIM D Y. Differentiating the impact of nitrogen chemical states on optical properties of nitrogen-doped graphene quantum dots[J]. RSC advances, 2017, 7(76): 48263-48267.

［23］ ZHU M, GUO L, HE Z, et al. Insights into the newly synthesized N-doped carbon dots for Q235 steel corrosion retardation in acidizing media: A detailed multidimensional study[J]. Journal of Colloid Interface Science, 2022, 608: 2039-2049.

［24］ YAMADA Y, TANAKA H, KUBO S, et al. Unveiling bonding states and roles of edges in nitrogen-doped graphene nanoribbon by X-ray photoelectron spectroscopy[J]. Carbon, 2021, 185: 342-367.

［25］ CEN H, ZHANG X, ZHAO L, et al. Carbon dots as effective corrosion inhibitor for 5052 aluminium alloy in 0. 1 M HCl solution[J]. Corrosion Science, 2019, 161: 108197.

［26］ SARASWAT V, KUMARI R, YADAV M. Novel carbon dots as efficient green corrosion inhibitor for mild steel in HCl solution: Electrochemical, gravimetric and XPS studies[J]. Journal of Physics and Chemistry of Solids, 2022, 160: 110341.

［27］ REN S, CUI M, CHEN X, et al. Comparative study on corrosion inhibition of N doped and N, S codoped carbon dots for carbon steel in strong acidic solution[J]. Journal of Colloid and Interface Science, 2022, 628: 384-397.

［28］ SıĞıRCıK G, TüKEN T, ERBIL M. Inhibition efficiency of aminobenzonitrile compounds on steel surface[J]. Applied Surface Science, 2015, 324: 232-239.

［29］ MOURYA P, BANERJEE S, SINGH M. Corrosion inhibition of mild steel in acidic solution by Tagetes erecta (Marigold flower) extract as a green inhibitor[J]. Corrosion Science, 2014, 85: 352-363.

［30］ QIANG Y, ZHANG S, XU S, et al. Experimental and theoretical studies on the corrosion inhibition of copper by two indazole derivatives in 3.0%NaCl solution[J]. Journal of colloid interface science, 2016, 472: 52-59.

［31］ SıĞıRCıK G, TüKEN T, ERBIL M. Assessment of the inhibition efficiency of 3, 4-diaminobenzonitrile against the corrosion of steel[J]. corrosion science, 2016, 102: 437-445.

［32］ YANG Y, LU R, CHEN W, et al. Amphiphilic carbon dots as high-efficiency corrosion inhibitor for N80 steel in HCl solution: Performance and mechanism investigation[J]. Colloids and Surfaces A: Physicochemical and Engineering Aspects, 2022, 649: 129457.

［33］ ZHU M, HE Z, GUO L, et al. Corrosion inhibition of eco-friendly nitrogen-doped carbon dots for carbon steel in acidic media: Performance and mechanism investigation[J]. Journal of Molecular Liquids, 2021, 342: 117583.

［34］ WU X, LI J, DENG C, et al. Novel carbon dots as effective corrosion inhibitor for N80 steel in 1 M HCl and CO2-saturated 3.5 wt%NaCl solutions[J]. Journal of Molecular Structure, 2022, 1250: 131897.

［35］ PADHAN S, ROUT T K, NAIR U G. N-doped and Cu, N-doped carbon dots as corrosion inhibitor for mild steel corrosion in acid medium[J]. Colloids and Surfaces A: Physicochemical and Engineering Aspects, 2022, 653: 129905.

［36］ CHANG D, ZHAO Z, SHI H, et al. Ratiometric fluorescent carbon dots for enantioselective sensing of L-lysine and pH discrimination in vivo and in vitro[J]. Sensors and Actuators B: Chemical, 2022, 362: 131792.

［37］ LUO X, DONG C, XI Y, et al. Computational simulation and efficient evaluation on corrosion inhibitors for electrochemical etching on aluminum foil[J]. Corrosion Science, 2021, 187: 109492.

［38］ PARR R G, PEARSON R G. Absolute hardness: companion parameter to absolute electronegativity[J]. Journal of the American chemical society, 1983, 105(26): 7512-7516.

［39］ ASFIA M P, REZAEI M, BAHLAKEH G. Corrosion prevention of AISI 304 stainless steel in hydrochloric acid medium using garlic extract as a green corrosion inhibitor: Electrochemical and theoretical studies[J]. Journal of Molecular Liquids, 2020, 315: 113679.

［40］ WANG S, WANG J, WANG Z, et al. The effect of pyrrolic nitrogen on corrosion inhibition performance of N-doped carbon dots[J]. Surfaces and Interfaces, 2024, 44: 103740.